Ihre Arbeitshilfen zum Download:

Die folgenden Arbeitshilfen stehen für Sie zum Download bereit:
- Schaubilder
- Checklisten
- Leitfäden

Den Link sowie Ihren Zugangscode finden Sie am Buchende.

Agiles Recruiting

Jens Olberding

Agiles Recruiting

Authentisch, kompetenzbasiert, im Team

1. Auflage

Haufe Group
Freiburg · München · Stuttgart

Bibliografische Information der Deutschen Nationalbibliothek

Die Deutsche Nationalbibliothek verzeichnet diese Publikation in der Deutschen Nationalbibliografie; detaillierte bibliografische Daten sind im Internet über http://dnb.dnb.de/ abrufbar.

Print:	ISBN 978-3-648-14291-2	Bestell-Nr. 14131-0001
ePub:	ISBN 978-3-648-14292-9	Bestell-Nr. 14131-0100
ePDF:	ISBN 978-3-648-14293-6	Bestell-Nr. 14131-0150

Jens Olberding
Agiles Recruiting
1. Auflage, Januar 2021

© 2021 Haufe-Lexware GmbH & Co. KG, Freiburg
www.haufe.de
info@haufe.de

Bildnachweis (Cover): © elizaliv, Adobe Stock
Illustrationen: Reginald Swinney Illustration, Website: reginaldswinney.com

Produktmanagement: Dr. Bernhard Landkammer
Lektorat: Ulrich Leinz

Inhaltsverzeichnis

Vorwort 11

1   **Alles agil? Jetzt auch im Recruiting?** 13
1.1   Recruiting ist Teamsport 14
1.2   Keine uniformen Prozesse 16

Teil 1:   **Die Grundlagen für ein agiles Recruiting** 19

2   **Die neue Haltung im Recruiting** 21
2.1   Hire for talent, train the skills 22
2.2   Kandidat im Fokus 31
2.3   Authentisch in jedem Schritt 35

3   **Was möchte eigentlich der Kandidat?** 41
3.1   Motive einer Bewerbung 41
3.2   Die 6 Phasen der Candidate Experience 45

4   **Was ist ein Recruitingteam?** 51
4.1   Wer ist das Team? 51
4.2   Verantwortung klären 58
4.3   Mitbestimmung in agilen Teams 60

5   **Die Rolle von HR** 73
5.1   Expertenrolle und Enabler 73
5.2   Der richtige Grad der Selbstorganisation 79
5.3   Gründung einer Community of Practice 83

Teil 2:   **Agiles Recruiting – wie Sie konkret vorgehen** 91

6   **Handwerkszeug für einen guten Start** 93
6.1   Der PDCA-Zyklus – ein wichtiges Tool 93
6.2   Die Retrospektive – ein Stück besser werden 97

7	**Die Anforderungsanalyse**	101
7.1	Die intuitive Methode – frei aus dem Bauch heraus	101
7.2	Das Experteninterview – eine zweite Meinung einholen	103
7.3	Kompetenzpoker – ein spielerischer Ansatz	105
7.4	Die Kompetenzpyramide – auf eine gute Basis kommt es an	109
7.5	Cynefin Framework	114
8	**Die Stellenanzeige**	121
8.1	Das Stellenanzeigenlayout – nicht mit Gewohnheiten brechen	124
8.2	Verschiedene Methoden und Wege zur optimalen Stellenanzeige	128
8.3	Die Führungskraft einbeziehen	129
8.4	Das Team einbinden	131
8.5	Im Teamcafé zielgruppengerechte Stellenanzeigen entwickeln	132
9	**Vorauswahl**	139
9.1	Vorauswahl bei hohem Bewerbungseingang	142
9.2	Vorauswahl bei geringem Eingang	144
9.3	Das Telefoninterview in der Vorauswahl	147
9.4	Die Einbindung des Teams	148
10	**Das Vorstellungsgespräch**	151
10.1	Die Rollenverteilung im Recruitingteam	151
10.2	Die Rolle von HR	153
10.3	Aufbau des Interviews	155
10.4	Die Vorstellungsgespräche und das Recruitingteam	158
10.5	Zweistufiges Vorstellungsgespräch	160
10.6	Wie mache ich ein Recruitingteam fit für die Interviews?	163
10.7	Auf Beurteilungs- und Wahrnehmungsfehler hinweisen	164
10.8	Fragetechniken: SuSiVEL- und Skalenfragen	167
11	**Onboarding**	177
11.1	Wie geht es nach Vertragsschluss weiter?	178
11.2	Ein Pate für eine gute Einarbeitung	180
11.3	Ein Buddy für die erst Zeit	181
11.4	Stammtisch für neue Kollegen	181

12   Ausblick – Wie es weiter geht 185

12.1   Die Chancen und Möglichkeiten 186

12.2   Die Risiken und der Aufwand 191

12.3   Empfehlungen für die Umsetzung 197

Literaturverzeichnis 203

Stichwortverzeichnis 207

Autor & Illustrator 211

Vorwort

Mein gesamtes berufliches Leben bin ich nun schon im Recruiting tätig und war mit verschiedensten Tätigkeiten betraut. Spannende Geschichten ließen sich erzählen. Aber hier kommt es mir auf eine der Geschichten besonders an: Ein Bereichsleiter kam mit der Idee auf mich zu, die Mitarbeiter aus seinem Bereich in das Recruiting stärker einzubinden. Was ein Gedanke. Diese Idee war für mich der erste Anstoß, agiles Recruiting zu entwickeln.

Konkret begonnen hat es mit der Begleitung und Entwicklung meines ersten Recruitingteams. Zu Beginn war es noch unser Ziel, einen neuen Kollegen einzustellen, ohne dass wir die Führungskraft in den Auswahlprozess einbeziehen. Beinahe wäre uns dieses Vorhaben auch gelungen. Die ausgewählte Kandidatin sagte uns aber, unser Teamrecruiting sei ja schön und gut, aber bevor sie nicht ihren zukünftigen Chef kennengelernt hat, unterschreibe sie gar nichts. Ein klassischer Fehler. Wir haben bei all unseren Bemühungen zur Selbstorganisation und dem Enabling des Teams nicht an unsere Kunden, also an die Bewerber, gedacht. Ab diesem Zeitpunkt begannen wir unsere Teamrecruitingprozesse kundenzentriert zu denken.

Das liegt nun mehr als sechs Jahre zurück. Im Team haben wir entdeckt, wie viel Potenzial in unserer Idee steckt. Angefangen mit einer authentischen und vor allem glaubhaften Kommunikation »unter Gleichen«, wie sie zwischen Bewerbern und zukünftigen Kollegen möglich ist, bis hin zu flexiblen Prozessen, um individuell auf jeden Bewerber eingehen zu können. Der agile Recruitingansatz war geboren.

Das Buch, das Sie in Händen halten, ist von diesen Erfahrungen geprägt, von der Praxis und von der Zusammenarbeit mit Recruitingteams in verschiedensten Unternehmen. Für diese Zeit bin ich jedem einzelnen sehr dankbar. Namentlich danken möchte ich insbesondere zwei Personen: Elke, für ihren fortlaufenden Support der vergangenen Jahre, und Rolf, der den Stein überhaupt erst ins Rollen brachte.

1 Alles agil? Jetzt auch im Recruiting?

Alles agil, nun auch im Recruiting? Diese Frage ist absolut berechtigt. Alternativ können wir an dieser Stelle auch von Fachkräftemangel, Globalisierung, demografischem Wandel und einer zunehmend schnelleren, unsichereren und komplexeren Arbeitswelt sprechen. So unterschiedlich all diese Herausforderungen auch sein mögen, vereint sie doch, dass die althergebrachte Personalgewinnung durch HR und Führungskraft nur noch selten erfolgreich ist.

Zudem: Die Situation hat sich grundlegend geändert. Die Ausdifferenzierung von Ausbildungen, Karrierewegen und Jobangeboten hat mittlerweile ein Ausmaß angenommen, dass ein passgenaueres Vorgehen äußert sinnvoll macht.

Daher: Es braucht agile Recruitingprozesse, die eine authentische Kommunikation mit zukünftigen Kollegen ermöglichen. Um das zu erreichen, setzen wir auf ein zielgruppengerechtes Recruiting. Den Ansprüchen einer Kandidatengruppe können wir so unser Recruiting anpassen. Und neben einer authentischen Ansprache und Kommunikation können wir den Kandidaten dann durch größere Transparenz verbesserte Einblicke in das Unternehmen und die zukünftige Aufgabe ermöglichen.

Flexibles, antizipatives und initiatives Recruiting
Benötigt wird also ein Recruiting, das sich an die sich stets wandelnden Gegebenheiten der Unternehmen anpassen kann, ein agiles Recruiting, das flexibel, situativ, antizipativ und initiativ agiert, um notwendige Veränderungen herbeizuführen.

Das Ziel, das wir mit dem agilen Recruiting verfolgen, besteht darin, die Talentepipeline des Unternehmens wieder zu füllen, und zwar mittels einer authentischen und zielgruppengerechten Kommunikation mit den Bewerbern. Dem – vermeintlichen – Fachkräftemangel begegnen wir mit einer kompetenzbasierten Personalauswahl und identifizieren nicht nur die besten, sondern die richtigen Kandidaten für die Stelle.

Im Ergebnis treffen wir Einstellungsentscheidungen, die den Interessen von Bewerbern und Unternehmen gerecht werden und auf eine langfristige Zusammenarbeit einzahlen.

1.1 Recruiting ist Teamsport

Schnell wird deutlich, dass Recruiting zunehmend komplexer wird. Es gilt Aufgaben zu erfüllen, die von HR allein oder in Zusammenarbeit mit der Führungskraft nur noch schwer bewältigt werden können. Die Herausforderung steigt nochmals, da angesichts der rasanten Veränderungen in der Welt die Kompetenzen der Bewerber immer wichtiger werden und Recruiter zugleich immer weniger auf fachliche Qualifikationen und Ausbildungsabschlüsse vertrauen können (Klein, Euwens 2018).

Neben der kompetenzbasierten Personalsuche lassen sich Talente am besten durch einen zielgruppengerechten und authentischen Recruitingprozess für ein Unternehmen gewinnen. Ein zielgruppengerechter Recruitingansatz geht über das Schalten von Stellenanzeigen in berufsspezifischen Jobplattformen hinaus. Er beinhaltet Instrumente des Personalmarketings und der Candidate Experience und erstreckt sich über das gesamte Auswahlverfahren.

Im Fokus eines agilen und authentischen Recruitingansatzes steht nicht nur einfach das Bewerben der Zielgruppe, sondern es gilt die Zielgruppe mit authentischen und glaubhaften Botschaften – von der Ansprache bis zum Onboarding – zu erschließen, um die besten Kandidaten für das eigene Unternehmen zu gewinnen.

Diese komplexe Aufgabe kann von einer Person oder einer HR-Abteilung allein kaum noch gelöst werden. Recruiting hat sich zu einem Teamsport entwickelt, dessen Akteure sich über die Grenzen von HR-Abteilungen hinaus »die Bälle zuspielen« (Haufe 2015).

Jedes Teammitglied wird im Spiel so aufgestellt, dass es seine Fähigkeiten bestmöglich einsetzen kann und seine größte Wirkung erzielt. Dabei gibt es nicht die eine richtige Strategie, die in jedem Spiel angewendet werden kann. Vielmehr ist situativ zu entscheiden, welches der nächste richtige Zug im Recruiting ist und wie das eigene Recruitingteam sich bestmöglich aufstellt.

Vergleichen wir den Recruitingprozess mit American Football

Im Recruiting und im Football ist allen Teammitgliedern das Ziel klar: Es geht darum, das Spiel zu gewinnen. Zu Beginn des Spiels ist es aber noch ungewiss, wie die Spieler Ihr Ziel erreichen werden. Natürlich verfügt jedes Team über eine Vielzahl gut eintrainierter Spielzüge und kennt die Stärken ihrer Teammitglieder. Wann und wie welcher Spielzug und die individuellen Stärken eines jeden Spielers ausgespielt werden, entscheidet sich jedoch erst im Laufe des Spiels.

Das spannende an American Football ist, dass das Team nach jedem Spielzug zusammenkommt und den nächsten Schritt bespricht. Was für Zuschauer wie eine Spielunterbrechung aussehen mag, ist tatsächlich der Kern des Spiels: Die Spieler analysieren den vorherigen Spielzug und erkennen, was weniger zielführend war und mit welcher ihrer Aktionen sie Erfolg hatten und ihrem Ziel ein Stück nähergekommen sind. Auf diesem Weg entwickelt das Team Schritt für Schritt, bzw. Spielzug für Spielzug, seine Strategie, um das Spiel zu gewinnen.

Übertragen auf das Thema Recruiting: Das gemeinsame Ziel besteht darin, eine offene Stelle zu besetzen. Das Team besteht aus einer Vielzahl von Akteuren im Unternehmen, die alle über ganz eigene Stärken und jeweils besonderes Know-how verfügen. Auf der Suche nach einem neuen Mitarbeiter herrscht auch im Recruiting zunächst Unsicherheit, wann welche Stärke am besten gespielt wird und wie sehr der Spielzug das Team dem Ziel näherbringt. Eine regelmäßige Teambesprechung zur aktuellen Lage der Personalsuche ist an dieser Stelle nicht nur hilfreich, sondern auch notwendig, um den nächsten Zug zu planen.

Auf diese Weise nähert sich auch ein Recruitingteam Schritt für Schritt seinem Ziel, passt sich den individuellen Herausforderungen bei der Besetzung der offen Stelle an und lernt stets dazu.

1.2   Keine uniformen Prozesse

Wie zu Beginn einer jeden Personalauswahl, gilt auch im Rahmen des agilen Recruitings: Im Fokus steht die zu besetzende Position. Nur wenn wir wissen, wen wir brauchen, können wir finden, wen wir suchen. Zugleich gilt es, den Prozess aber auch offen zu gestalten – offen für neue, bislang unbekannte Wege.

Wie lassen sich auf einem Arbeitnehmermarkt die besten Talente gewinnen? Die Antwort lautet: durch die Entwicklung sich selbst organisierender, interdisziplinärer Teams. (Olberding 2019)

Die Parallele zum Teamsport liegt auf der Hand: Das Team trifft auf dem Recruitingspielfeld – also in jeder konkreten Situation – Entscheidungen anhand der zuvor analysierten und eingeübten Spielzüge – und erhält dabei vom Coach Unterstützung.

Die Analogie zum Teamsport zeigt, dass eine Stelle nur dann besetzt werden kann, wenn die Talente der Spieler und die verschiedenen Spielstrategien auf die jeweilige Situation angepasst und eingesetzt werden. So ist es wenig sinnvoll, bei jeder Personalsuche auf den gleichen, uniformen Recruitingprozess zu setzen. Selbst die Suchprozesse für identische Stelle müssen einen Spielraum zur Individualisierung bieten. Andernfalls ist es nicht möglich, auf die Besonderheiten auf dem Arbeitsmarkt und auf die Individualität eines jeden Bewerbers einzugehen.

Die Akteure im Recruiting profitieren von ein paar Freiheitsgraden, die es ihnen ermöglichen, eigenständig und situationsbezogen den Recruitingprozess anzupassen, ohne auf lange Entscheidungswege und Genehmigungen zu warten. (Häusling 2020)

Besonders einleuchtend wird dies, wenn wir sehr unterschiedliche Positionen miteinander vergleichen. Das Auswahlverfahren für eine Auszubildende unterscheidet sich sicher stark von einem Auswahlverfahren für einen leitenden Angestellten. Während Auszubildende auf speziellen Ausbildungsmessen und mit gezieltem Ausbildungsmarketing gewonnen werden, scheint es diesen Weg für leitende Angestellte nicht zu geben. Idealerweise werden für leitende Positionen Personen aus den Netzwerken der Geschäftsführung mittels direkter Ansprache gewonnen oder es kommen Headhunter zum Einsatz.

Framework an Möglichkeiten für den Recruitingprozess
Auch wenn unterschiedliche Recruitingprozesse für unterschiedliche Positionen bestehen, sollte auch ein Auswahlprozess für eine Position nicht starr einer vorgegebenen Form folgen. Besser ist es, wenn der Prozess den jeweiligen Erfordernissen anpasst werden kann. Übertragen auf das Beispiel mit dem leitenden Angestellten bedeutet das, es wird zunächst ein grundsätzlicher Auswahlprozess für eine bestimmte Position geschaffen. Dieser grundsätzliche Auswahlprozess ist als ein *Framework* an Möglichkeiten zu verstehen, die für das Recruiting des leitenden Angestellten zur Verfügung stehen. Im Auswahlverfahren selbst entscheiden die verantwortlichen Personen, welches der zur Verfügung stehenden Mitteln für den nächsten Schritt genutzt werden.

Für eine effiziente Personalauswahl ist es beispielsweise hilfreich, nicht jeden Kandidaten direkt zu einem persönlichen Gespräch einzuladen. Vorstellungsgespräche sind für alle Beteiligten zeitintensiv und können erhebliche Reisekosten verursachen. Nicht immer ist ein persönliches Gespräch notwendig, um die gewünschte Information für den nächsten Auswahlschritt zu erhalten. Ein Recruitingprozess sollte daher nicht starr sein, sondern immer einen flexiblen Ablauf ermöglichen. Die Vorgabe lautet: Akteure im Recruiting werden dazu befähigt, sinnvolle und zielführende Entscheidungen zu treffen.

Im jeder Stufe des Recruitingprozesses gilt es, den Erkenntnisgewinn in den Vordergrund zu stellen. Dazu orientieren wir uns an zwei Fragen:

- Welche Informationen benötigen wir, um eine Entscheidung im Auswahlverfahren treffen?
- Welche Informationen benötigt der Bewerber, um sich für uns als Arbeitgeber zu entscheiden?

! **Das Wichtigste aus Kapitel 1**

- Agiles Recruiting lässt sich flexibel und situativ an sich stets wandelnde Gegebenheiten anpassen.
- Es setzt auf eine kompetenzbasierte Personalauswahl und auf eine authentische Kommunikation mit den Bewerbern.
- Der zunehmenden Komplexität im Recruiting wird mit selbstorganisierten, interdisziplinären Teams begegnet.
- Recruitingprozesse werden individuell auf die Stelle zugeschnitten und schrittweise auf die Bewerber angepasst.

Teil 1: Die Grundlagen für ein agiles Recruiting

Im agilen Recruiting erfinden wir die Grundlagen der Personalbeschaffung nicht neu. Sie benötigen jedoch eine Anpassung, um den heutigen Herausforderungen der Unternehmen und den Änderungen auf dem Arbeitsmarkt gerecht zu werden. Dem gehen wir in Teil 1 dieses Buches nach – und betrachten das agile Recruiting aus vier unterschiedlicher Perspektiven:

Grundlegend ist die Haltung, den Bewerber nicht nur als Bewerber, sondern ganzheitlich als Menschen zu betrachten, mit all seinen Fähigkeiten und Talenten.

Diese Haltung schließt mit ein, dass wir die Wünsche und Bedürfnisse der Bewerber kennenlernen und uns die Frage stellen: »Was möchte eigentlich der Kandidat?«

Die veränderte Situation erfordert zudem eine grundlegend neue Konstellation im Recruiting: Statt des herkömmlichen Arbeitsverteilung rekrutiert jetzt ein Team. Wir erläutern, was ein Recruitingteam ist, wie es funktioniert und sich zusammensetzt – und wie das Team effektiv agieren kann, um den neuen Herausforderungen in der Personalgewinnung gerecht zu werden.

Dadurch verändert sich selbstverständlich auch die Rolle von HR, das verstärkt als Experte im Recruiting auftritt und als Enabler und Unterstützer wirkt.

2   Die neue Haltung im Recruiting

Ein entscheidender Punkt im Recruiting ist die Haltung. Sie ist ausschlaggebend dafür, wie wir Bewerbern im Recruitingprozess begegnen. Vielen Unternehmen dürfte inzwischen klar sein, dass ein Bewerber kein Bittsteller ist, der sich händeringend auf der Suche nach Arbeit befindet.

Vorstellungsgespräche daher wertschätzend und auf Augenhöhe zu führen, liegt auf der Hand. Schließlich haben beide Parteien, Arbeitgeber und Bewerber, etwas zu bieten. Eine Erkenntnis, die zwar auch schon zu Zeiten eines Arbeitgebermarktes galt, aber angesichts des heutigen Bewerbermarkts umso plausibler ist.

Auch die zunehmende Komplexität unserer Arbeitswelt macht es notwendig, den Bewerber und den gesamten Menschen mit all seinen Fähigkeiten und Talenten kennenzulernen. Haltung und Menschenbild gehen an dieser Stelle Hand in Hand.

Menschenbild: Will der Mensch Ziele erreichen oder ist er faul?
Welchen Einfluss das Menschenbild in einer Organisation auf ihre Führung und auch auf ihren wirtschaftlichen Erfolg hat, zeigte uns Douglas McGregor bereits in den 60er-Jahren des letzten Jahrhunderts. Mit seiner X-Y-Theorie untersuchte er zwei völlig unterschiedliche Menschenbilder. In Theorie X nimmt an, dass der Mensch von Natur aus faul ist und versucht, der Arbeit so gut es geht aus dem Weg zu gehen. Im Gegensatz dazu steht Theorie Y. Sie geht davon aus, dass der Mensch durchaus ehrgeizig ist und zur Erreichung sinnvoller Zielsetzungen auch freiwillig höhere Anstrengungen nicht scheut. (McGregor 1960)

Da Menschen, die sich den Zielen ihrer Unternehmung verpflichtet fühlen, auch zugunsten der Organisationsziele handeln, bevorzugte McGregor die Theorie Y. Mit dieser Arbeit legte er vielleicht den Grundstein für die heutige Suche nach dem *Purpose* und dem *Why* einer Unternehmung und ihrer Mitarbeiter. Dass sinnvolle Handlungen und Arbeitsinhalte zu einer höheren Motivation und Mitarbeiterzufriedenheit beitragen, wurde durch das Modell der X-Y-Theorie belegt. Inwieweit Arbeitsinhalte mit den persönlichen Wertvorstellungen und Lebenszielen harmonieren sollten, soll aber an anderer Stelle diskutiert werden.

Für die neue Haltung im Recruiting folgen wir dem Beleg McGregors, dass jeder Mensch willens ist, sein Bestes zu geben. Jeder Mensch, jeder Bewerber ist gut. Die Frage ist, gut wofür?

Im Rahmen des Auswahlprozesses gilt es gemeinsam herauszufinden, über welche Eignungsmerkmale der Kandidat verfügt und wie und wo sie am Besten im Unternehmen zum Einsatz kommen können. Das positive Menschenbild hat vermutlich den größten Einfluss auf die Analyse der nötigen Eignungsmerkmale und der Bewerberauswahl im Recruitingprozess. (Zaborowski 2019)

2.1   Hire for talent, train the skills

Hire for talent, train the skills. Ein schöner Satz, der so oder so ähnlich in der letzten Zeit häufiger zu lesen ist und große Zustimmung erfährt. Oftmals können wir diesen Satz auch in Verbindung mit dem Begriff Recruiting Mindset und der Forderung nach einer neuen Haltung im Recruiting lesen. (Rechsteiner 2019)

Agile Teams sind oftmals cross-funktional aufgestellt und bestehen aus generalisierten Spezialisten, den sogenannten T-shaped-People. Gemeint sind damit Fachkräfte, die mit ihren Skills breit aufgestellt sind – symbolisiert durch den waagerechten Balken im Buchstaben T – und zeitgleich über eine Fachexpertise in ihrem Spezialgebiet verfügen – durch die Senkrechte im Buchstaben T symbolisiert. (Trölenberg 2018)

Nur was genau verbirgt sich hinter dieser Aussage und wieso ist sie gerade heute so wichtig? Was verbirgt sich hinter T-shaped-People und in welchem Zusammenhang steht das mit den sich stets wandelnden Anforderungen einer VUCA-Welt? Diesen Fragen werden wir auf den nächsten Seiten nachgehen.

Was ist ein cross-funktionales Team? (Storz 2018) !

Um den Begriff des cross-funktionalen Teams bestehen viele Mythen und falsche Assoziationen. Die größten falschen Annahmen möchten wir direkt klären und sie im Folgenden weiter erläutern.

- In einem cross-funktionalen Team können nicht alle Teammitglieder alles und es machen auch nicht alle Teammitglieder alles.
- Ein cross-funktionales Team besteht aus generalisierenden Spezialisten.
- In einem cross-funktionalen Team schauen wir nicht auf die Kompetenzen des Einzelnen, sondern auf die Gesamtkompetenz im Team.

Ein Team aus vier Spezialisten, die so hochgradig in ihrem Fachgebiet spezialisiert sind, dass sie sich im Team gar nicht mehr untereinander austauschen können, bilden zwar sicherlich ein cross-funktionales Team, vermutlich aber kein besonders gutes.

Ein gutes cross-funktioneles Team besteht aus generalisierenden Spezialisten. Menschen, die über ihren eigenen Tellerrand hinausschauen und gemeinsam mit anderen Teammitgliedern Neues lernen. Im Laufe der Zeit ist ein solches Team in der Lage, immer besser zusammen zu arbeiten, sich in Funktionen auszutauschen, auszuhelfen und zu wachsen. Für das gemeinsame Lernen und Wachsen ist es hilfreich, wenn jedes Teammitglied über eine eigene Spezialisierung verfügt. Diese Spezialisierung bringt jedes Mitglied in das Team ein, um gemeinsam auf ein Ziel hin zu arbeiten. Das Team vereint dabei alle Kompetenzen, die es braucht, um das Ziel zu erreichen.

Im agilen Recruiting versuchen wir – mit dem Wissen um sich stets wandelnde Anforderungen –, die klassische Sicht mit einem erweiterten und zugleich kritischen Blick auf Anforderungen und Skills zu verbinden.

Der erweiterte und kritische Blick hinterfragt, welche Qualifikation sich tatsächlich hinter den Anforderungen einer Stelle verbergen. Dabei werden zukünftige Änderungen und Anpassungen, die z. B. durch die Digitalisierung, durch einen Wandel des Berufsbildes oder des Marktes getrieben werden, antizipiert und berücksichtigt. (Eger, Frickenschmidt 2016)

Im späteren Kapitel Anforderungsanalyse (Kapitel 7) betrachten wir verschiedene Methoden, mit denen es gelingt, das nötige Talent und die Skills zu definieren.

Zuvor ist es aber hilfreich, auf den Begriff der Eignung einzugehen. Die Abbildung 1 zur Eignungsdiagnostik beschreibt Eignung in Form von Eignungsmerkmalen, die in drei Kategorien unterschieden werden, Qualifikationsmerkmale, Kompetenzen und Potenziale.

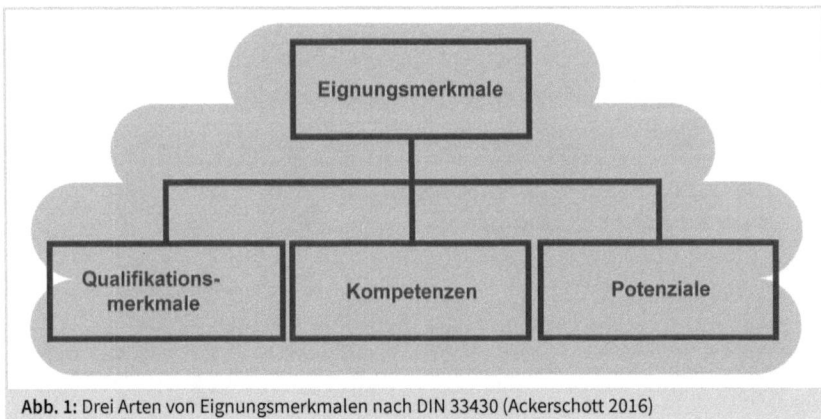

Abb. 1: Drei Arten von Eignungsmerkmalen nach DIN 33430 (Ackerschott 2016)

Kategorie 1: Qualifikationsmerkmale. Sie leiten sich beispielsweise aus Ausbildung, Schulabschluss und Studium ab. Sie werden häufig als notwendige Voraussetzung gesehen, um eine bestimmte Stelle erfolgreich ausfüllen zu können. Im Anforderungsprofil wird dazu das Kriterium »erfolgreich abgeschlossene kaufmännische Ausbildung« formuliert. Als Erweiterung des Kriteriums kommt häufig noch die gute bis sehr gute Abschlussnote hinzu. Fraglich ist, ob und in wieweit diese Qualifikationsmerkmale tatsächlich etwas über eine Passung zwischen Kandidat und der zu besetzenden Stelle aussagen.

Bei einer erfolgreich absolvierten Ausbildung zum Industriekaufmann bei der IHK besteht zumindest bei den meisten Personalentscheidern ein einheitliches Verständnis darüber, welche fachlichen Fähigkeiten vermittelt wurden und was vom Bewerber erwartet werden kann. Die Abschlussnote der Berufsschule gibt zusätzlich Sicherheit hinsichtlich der Qualität der erlernten fachlichen Skills.

Geht es hingegen um einen Bachelorabschluss, so bestehen in der Regel mehr Zweifel hinsichtlich der Aussagekraft. Ein Bachelorabschluss ist zwar das Ergebnis einer akademischen Ausbildung. Doch hat sich seit der Umstellung auf Master und Bachelor eine enorme Vielfalt an und Spezialisierung von Studiengänge entwickelt. Die Spezialisierung kann förderlich sein, passgenaue Kandidaten für spezialisierte Stellen auszuwählen. Zeitgleich erschwert die Vielfalt den Vergleich der Abschlüsse miteinander. Hinzu kommen unterschiedliche Qualitätsansprüche der Hochschulen und die Differenzierung zwischen Universität, Hochschule, Dualer Hochschule und sonstiger, zumeist nicht akkreditierter Ausbildungsbetriebe.

Andere Qualifikationsmerkmale können z. B. der Besitz einer Fahrerlaubnis oder ein Gesundheitszeugnis sein. Für die Position eines Sales Managers mag es eine nötige Voraussetzung sein, einen PKW führen zu dürfen. Für Mitarbeiter in der Gastronomie oder Lebensmittelindustrie kann ein Gesundheitszeugnis die gesetzliche Voraussetzung sein, überhaupt in diesem Berufsfeld tätig zu werden.

Mittels einer Anforderungsanalyse sind Qualifikationsmerkmale vergleichsweise schnell erfasst. Es besteht bei allen Beteiligten eine gewisse Übung darin, fachliche Anforderungen zu listen und in Form eines Zeugnisses oder eines Zertifikates zu überprüfen. So scheint es zunächst naheliegend, als Anforderungen für die Stelle eines Marketingmanagers ein Studium im Bereich Marketing als Anforderung zu nennen und zusätzlich noch ein paar Jahre Berufserfahrung zu fordern, wenn für diese Position ein eher senioriger Mitarbeiter gesucht wird.

Dennoch sollte bereits an dieser Stelle kritisch hinterfragt werden, welche fachlichen Anforderungen sich hinter den Anforderungen »Marketingstudium« und »Berufserfahrung« tatsächlich verbergen. Studienabschlüsse lassen sich hinsichtlich der Lehrinhalte und der Noten auf eine mögliche Passung auf die Anforderungen der Stelle analysieren.

Anders sieht es bei der Anforderung »Berufserfahrung« aus. Sicherlich ist an dieser Stelle von »relevanten Berufserfahrungen in einer ähnlichen Position« die Rede. Jetzt bleibt aber weiterhin unklar, welche Anforderungen sich hinter der gewünschten Berufserfahrung verbergen und wie sie operationalisiert werden können. Ist mehr Berufserfahrung besser als wenig Berufserfahrung? Dann sind 4 Jahre in diesem Fall besser als 2 Jahre. Sind also 20 Jahre Berufserfahrung auf der gleichen Position in einem Unternehmen noch besser? Ist es eigentlich relevant, in welchem Unternehmen die Berufserfahrung gesammelt wurde? Sind die Jahre in einer Marketingagentur anders zu bewerten als in einem produzierenden Unternehmen, und wie lassen sich die Jahre als Marketingmanager in einer Behörde einreihen?

Was bereits beim Vergleich von Hochschulabschlüssen schwierig ist, kann beim Vergleich von Berufserfahrungen ins Absurde führen – und wir verstehen, dass Qualifikationsmerkmale nur scheinbar leicht zu erfassen sind. Die Merkmale Ausbildung und Berufserfahrung täuschen an dieser Stelle oftmals eine falsche Sicherheit vor. Anders hingegen verhält es sich bei den Qualifikationen, die tatsächlich eindeutig geprüft werden können, wie eben die erwähnte Fahrerlaubnis oder das Gesundheitszeugnis.

Qualifikationsmerkmale sind bei der Anforderungsanalyse und der späteren Personalauswahl je hilfreicher, desto klarer aus ihnen hervorgeht, welche Fertigkeiten mit ihnen verbunden sind. Die Fahrerlaubnis für einen PKW ist ein treffendes Beispiel für eine klare und eindeutige Qualifikation. Eine Berufsausbildung oder ein Studienabschluss sind im Vergleich zur Qualifikation der Berufserfahrung relativ eindeutig, dennoch sind diese beiden Qualifikationen nicht so klar und einheitlich definiert wie das Merkmal der Fahrerlaubnis.

Die große Gefahr bei der Erstellung einer Anforderungsanalyse ist daher, dass sich die Beteiligten – oftmals die Führungskraft und ein HR-Mitarbeiter – bei Qualifikationsmerkmalen auf eine vermeintliche Klarheit und Eindeutigkeit verlassen, die nicht gegeben ist. So stellt sich in der Praxis am konkreten Fall häufig rasch heraus, dass bereits Führungskraft und HR-Mitarbeiter unterschiedliche Auffassungen eines Qualifikationsmerkmal wie »relevante Berufserfahrung« haben. Daher sollte das Qualifikationsmerkmal in der Anforderungsanalyse zuvor eindeutig definiert werden.

Kategorie 2 Kompetenzen. Die Kompetenzen sind im Vergleich zu Qualifikationsmerkmalen weniger einfach zu analysieren und zu erfassen. Während Qualifikationsmerkmale oftmals das Ergebnis einer Ausbildung oder das Erlernen einer Fähigkeit darstellen, beschreiben Kompetenzen die eher generelle Fähigkeit, Probleme zu lösen und die Bereitschaft, dieses auch zu tun.

Kompetenzen sind weniger eng auf die konkreten Anforderungen von Berufen oder Tätigkeiten bezogen. Sie stellen Persönlichkeitsmerkmale dar, die zur Bewältigung von Problemen und Aufgaben genutzt werden können. Schon jetzt wird deutlich, dass Kompetenzen einen besonderen Stellenwert in cross-funktionalen Teams einnehmen und entscheidend für die Anpassungsfähigkeit in einem sich stets wandelnden Arbeitsumfeld sind. Zuvor möchten wir aber den Unterschied zwischen Qualifikationsmerkmalen und Kompetenzen an einem Beispiel verdeutlichen.

Für die Position eines Sachbearbeiters im Einkauf wurde das Qualifikationsmerkmal »erfolgreich abgeschlossene kaufmännische Ausbildung« definiert. Für den Abschluss einer Ausbildung sind verschiedene Kompetenzen nötig. Neben Lernbereitschaft lassen sich beispielsweise die Kompetenzen Selbstorganisation, Durchhaltevermögen und verschiedene kommunikative Kompetenzen anführen, die nötig sind, um eine Ausbildung erfolgreich abzuschließen.

Die Abschlussnote kann als Indikator gesehen werden, wie erfolgreich das Zusammenspiel der verschiedenen Kompetenzen einzuschätzen ist. Sie lässt aber keinen Rückschluss zu, wie stark die jeweilige Kompetenz zum Tragen kam, um die Ausbildung abzuschließen.

Eine gute Note in der Abschlussprüfung lässt sich z. B. darauf zurückführen, dass der Prüfungsteilnehmer besonders gut Wissen auswendig lernen kann. In der Prüfung zeigt sich dann, wie gut der Teilnehmer das Auswendiggelernte wiedergeben kann. Unklar bleibt, ob das auswendig gelernte Wissen auch verstanden und ob es sinnvoll mit bereits vorhandenem Wissen verknüpft wurde.

Es kann aber auch sein, dass ein Prüfungsteilnehmer eine Prüfung besteht, da es ihm gelingt, Zusammenhänge, Strukturen und Systeme besonders schnell zu erkennen und miteinander zu verknüpfen, um Lösungen zu entwickeln.

Es handelt sich bei den zuvor genannten Beispielen um zwei völlig verschiedene Kompetenzen. Beide Prüfungsteilnehmer können hinsichtlich des Qualifikationsmerkmals »erfolgreich abgeschlossene Ausbildung« erfolgreich sein, sogar mit einer guten oder sehr guten Abschlussnote. Im Arbeitsalltag dürften aber die beiden Teilnehmer – aufgrund der unterschiedlichen Kompetenzen – völlig verschiedene Verhaltensweisen an den Tag legen.

Das erfolgreiche Zusammenspiel von Kompetenzen kann also zum Erlangen von Qualifikationsmerkmalen führen. In einer Berufswelt, in der sich Aufgaben und Anforderungen an Mitarbeiter in einem steten Wandel befinden, können die Kompetenzen eines Mitarbeiters folglich entscheidend für den Joberfolg und den Erfolg des gesamten Unternehmens sein. In der Anforderungsanalyse gilt es daher, genau die Kompetenzen herauszufinden, die als besonders wichtig für eine erfolgreiche Stellenbesetzung sind.

Für die Analyse von Kompetenzen bietet sich die einfache und zweckmäßige Systematisierung in vier Kompetenzkategorien an. Demnach können Kompetenzen in Personale Kompetenz, Sozialkompetenz, Methodenkompetenz und Fachkompetenz unterschieden werden. Jeder dieser Kompetenzkategorien können verschiedene Kompetenzen zugeschrieben werden. (Berndt 2014)

- **Persönliche Kompetenz:** Diese Kompetenz beschreibt die Einstellungen und Werte, die einen Menschen ausmachen.
- **Soziale Kompetenz:** Hiermit werden die Fähigkeiten beschrieben, welche den zwischenmenschlichen Umgang fördern; sowohl im privaten als auch im beruflichen Alltag.
- **Methodenkompetenz:** Sie umfasst die Fähigkeit zur Anwendung von Arbeitstechniken und Analysetechniken, sowie von Lernstrategien.
- **Fachkompetenz:** Fähigkeit, fachbezogenes und fachübergreifendes Wissen zu verknüpfen, zu vertiefen, kritisch zu prüfen sowie in Handlungszusammenhängen anzuwenden.

Im Kapitel Anforderungsanalyse werden wir insbesondere bei der Methode der Kompetenzpyramide noch einmal auf die Kompetenzkategorien und deren Systematik eingehen und einen praktischen Weg aufzeigen, um die richtigen Kandidaten besser auswählen zu können.

Kategorie 3: Potenziale. Die Fähigkeit einer Person, ihr bislang nicht vertraute Aufgaben zu bewältigen und weitere Kompetenzen zu entwickeln, sind ihre Potenziale. In der Personalauswahl sind Potenziale immer dann besonders wichtig, wenn man nicht nur wissen möchte, was ein Bewerber heute leisten kann, sondern zu welchen Leistungen er in vielleicht 3 Jahren fähig wäre.

Eine solche Einschätzung spielt vor allem bei der Suche von Nachwuchsführungskräften oder bei der Auswahl von Trainees eine große Rolle, die im Rahmen eines mehrjährigen Programms auf eine höhere Managementaufgabe vorbereitet werden sollen. Aus Sicht des Unternehmens ist es nachvollziehbar, dass es bereits heute wissen möchte, bei welchen Personen sich die Investition in die Zukunft lohnt, welche Bewerber also das Potenzial zur Führungskraft in sich tragen.

Während die Definition und Analyse von gewünschten Eignungsmerkmalen bereits eine anspruchsvolle Aufgabe ist, liegt die große Herausforderung der Potenzialanalyse darin, vorherzusagen, wie sich ein Mensch in den nächsten Jahren entwickeln wird. Die Entwicklung eines Menschen hängt nicht allein von seiner Person und seinen Fähigkeiten ab, sondern wird durch vielfältige Umgebungsvariablen beeinflusst: Die große Liebe, schwere Erkrankungen, Tod eines vertrauten Menschen, sind Lebensereignisse, die die Entwicklung eines jeden Menschen maßgeblich beeinflussen und oftmals auch in Richtungen lenken, die der Betroffene selbst zuvor nicht für möglich gehalten hätte. Umgebungsvariablen können neben privaten Lebensereignissen aber auch ökonomische, politische oder ökologische Entwicklungen sein – und eben auch die Bedingungen in einem Unternehmen, die den konkreten Rahmen für die berufliche Entwicklung bilden.

Potenziale haben eine große Bedeutung für Unternehmen und in der Personalauswahl. Losgelöst von den zuvor beschriebenen Karrierepfaden zur Führungskraft ist es ebenso bedeutsam für Unternehmen, das Potenzial der eigenen Belegschaft zu kennen. In einer Zeit, in der Kundenwünsche und Absatzmärkte einem steten und schnellen Wandel unterliegen, braucht es Mitarbeiter, die nicht nur anpassungsfähig sind, sondern auch mit zunehmender Komplexität und steigenden Ansprüchen mitwachsen können. Für den Fortbestand und die Entwicklung des Unternehmens ist es daher wichtig, dass ein Großteil seiner Mitarbeiter noch »Luft nach oben« hat.

 Was ist eigentlich Führungskompetenz?

Der Wunsch nach einer Definition des Begriffs Führungskompetenz ist nachvollziehbar, sind es doch gerade die Führungskräfte, die maßgeblich Einfluss auf das Wohlergehen eines Unternehmens ausüben. Unklar ist nur, was eine gute Führungskraft ausmacht. Nahezu jedes Unternehmen verfügt über ein eigenes Führungsverständnis und pflegt seine ganz individuelle Führungskultur. Sicherlich unterliegen Führungsstile Trends, hierarchisch getriebene Führungsstile scheinen ausgedient zu haben. So sprechen wir heute z. B. von agiler Führung und verbinden damit vor allem eine dynamische Haltung, ein Mindset, das Veränderungen als Dauerzustand begreift. Agile Führungskräfte sind flexibel und fähig zur Transformation von Menschen, Teams und Prozessen. Schnell zeigt sich, dass Führung zunehmend komplexer wird und nicht von einer einzelnen Kompetenz allein bewältigt werden kann. Folglich besteht Führung aus einem Zusammenspiel verschiedener Kompetenzen, deren Ausprägungen in Abhängigkeit eines jeden Unternehmens in der Anforderungsanalyse untersucht werden sollten. Eine allgemeingültige Definition für Führungskompetenz ist daher nicht zweckmäßig. Vielmehr setzt sich Führungskompetenz aus Kompetenzen der Kategorien persönliche, soziale, methodische und fachliche Kompetenz zusammen. (Hofert 2018/1)

Fazit

Eine der wichtigsten Erkenntnisse aus diesem Absatz ist, dass mit Hilfe von Kompetenzen Qualifikationen erlangt werden können. Übertragen auf den Begriff der cross-funktionalen Teams sind folglich vor allem die Kompetenzen der Teammitglieder entscheidend, um gemeinsames Lernen und Wachsen zu ermöglichen. Kompetenzen helfen, fachliche Qualifikationen zu erlernen, um so eine bessere Unterstützung und Zusammenarbeit im Team zu ermöglichen.

Kompetenzen sind aber nicht alles. Im Sinne der T-shaped-People sind fachliche Qualifikationen, also ein bestimmter Grad der Spezialisierung, ebenso notwendig. Diese Spezialisierung dient zum einem zum Erreichen des gemeinsamen Ziels des Teams. Zum anderen begünstigt sie das gegenseitige Voneinander-lernen, indem jeder Spezialist seine Fachkenntnisse mit seinen Teammitgliedern teilt. Auf diesem Weg entwickeln sich in einem erfolgreichen cross-funktionalen Team aus T-shaped-People häufig Π-shaped-People (Pi-shaped-People), Teamkollegen, die nicht nur über eine, sondern zwei Spezialisierungen verfügen. (Hofert 2018/2)

2.2 Kandidat im Fokus

Eine der vier Kernaussagen des agilen Manifests besagt: Alle Aktivitäten sind klar auf die Bedürfnisse des Kunden ausgerichtet. In agilen Projekten hat die Zusammenarbeit mit dem Kunden Vorrang gegenüber den Vertragsverhandlungen und der Kunde wird bereits bei der Produktentwicklung mit einbezogen. (Manifesto 2001)

Eine weitere Kernaussage des agilen Manifests sagt aus, dass Individuen und Inter-aktionen Vorrang gegenüber Prozessen und Werkzeugen besitzen. Es erscheint ein-leuchtend, Menschen höher zu bewerten als Prozesse und Tools. Immerhin sind es die Menschen, die auf Änderungen der Geschäftsanforderungen reagieren und Pro-zesse und Tools anpassen und weiterentwickeln. Im umgekehrten Fall würden sich Menschen stur an Abläufe halten und dabei weniger auf Veränderungen und Kun-denbedürfnisse eingehen.

Übertragen auf das Recruiting bedeutet das, dass ganz klar der Bewerber im Fokus steht. Er ist der Kunde all unserer Recruitingbemühungen. Daraus folgt, dass unsere Prozesse und Aktivitäten im Recruiting nicht nur auf die Bewerber ausgerichtet sind, sondern dass sie gemeinsam mit den Kandidaten entwickelt werden.

Die Frage, was die Bewerber über das Unternehmen und die Stelle erfahren möch-ten, stellt sich kaum ein Unternehmen. Vielmehr sind Unternehmen bemüht, sich als gute Arbeitgeber zu präsentieren und heben die Aspekte hervor, die sie selbst für bedeutend halten. Oder sie orientieren sich an anderen Unternehmen, die bei der Personalsuche erfolgreich zu sein scheinen. Sehr gut konnte das in den letzten Jahren an der Anzahl der angebotenen Benefits beobachtet werden. Beginnend mit Obstkörbern und Tischkickern über E-Scooter und der regelmäßigen Versorgung mit Biolimonaden ist vieles dabei.

Fraglich ist, ob die Zusage eines Bewerbers tatsächlich von solchen Benefits abhän-gig ist. Bestenfalls zeigen die Benefits, dass ein Unternehmen am Wohlergehen sei-ner Mitarbeiter interessiert ist. Dass diese Art der Zusatzleitungen vor einiger Zeit von vielen Unternehmen angeboten wurde, konnte auch als Zeichen einer gewissen Hilflosigkeit interpretiert werden.

Um diesem Missverständnis vorzubeugen: Den Kandidaten als Kunden zu verstehen, bedeutet nicht, ihn mit Versprechungen anzulocken und Geschenken zu überhäu-fen. Es geht darum herauszufinden, was ihm wichtig ist. Was beschäftigt potenzielle Bewerber und wie kann ein Arbeitgeber sinnvoll unterstützen? Viele Softwareent-wickler haben beispielsweise die Befürchtung, irgendwann einen aktuellen Trend zu verpassen und hinsichtlich ihrer Programmierskills nicht mehr up to date zu sein.

Für viele ist es daher sehr wichtig, immer mit der neusten Technologie zu arbeiten und auch Neues ausprobieren zu können. Ein Wunsch, der sich vermutlich nicht auf alle Unternehmensbereiche übertragen lässt. Erst recht nicht auf Bereiche, denen Beständigkeit besonders wichtig ist.

Anderen Bewerbern ist es wichtig, einen zuverlässigen Arbeitgeber zu haben, da sie vielleicht gerade eine Familie gegründet und ein Haus gekauft haben. Die regelmäßige Gehaltszahlung und feste Arbeitszeiten rücken dann verständlicherweise umso stärker in den Fokus eines Bewerbers. Zeitlich wird es weiterhin Kandidaten geben, denen persönliche Entwicklung und Karriere besonders wichtig sind; andere kümmern sich um einen Pflegefall in der Familie, sind alleinerziehend oder haben im Großraumbüro Angst wegen einer erhöhten Ansteckungsgefahr und bevorzugen es, aus dem Homeoffice heraus zu arbeiten.

Niederschwellige Hürde: Mach es den Bewerbern einfach
Steht der Bewerber im Fokus, geht es darum, dessen tatsächliche Interessen zu erkennen. Zusätzlich ist es notwendig, interessierten Bewerbern den Zugang zum Unternehmen und den Ansprechpartnern so einfach wie möglich zu gestalten. Kontaktaufnahme und Bewerbung müssen eine möglichst niederschwellige Hürde darstellen. Ansonsten laufen wir Gefahr, dass ein Bewerber bereits bei der Abgabe seiner Bewerbung das Interesse an der ausgeschriebenen Stelle verliert. Besonders in diesem Punkt haben viele Unternehmen noch großes Potenzial zur Verbesserung. Während kein Unternehmen auf die Idee kommt, kaufinteressierten Kunden einen umständlichen und aufwendigen Bestellprozess zuzumuten, mangelt es im Recruiting oft schon daran, den Bewerbern einen Ansprechpartner samt Kontaktdaten zu präsentieren. Zusätzlich werden ausführliche und vollständige Bewerbungsunterlagen verlangt, damit das Unternehmen überhaupt bereit ist, eine Bewerbung zu sichten. (Kanning 2019)

Wir müssen es den Bewerbern so einfach wie möglich machen, mit unserem Unternehmen in Kontakt zu treten. Zu den Basics gehört definitiv in Stellenanzeigen einen Ansprechpartner mit Kontaktdaten zu nennen und sicherzustellen, dass dieser Ansprechpartner auch für Bewerber erreichbar ist. Zusätzlich sollte es dem Bewerber so einfach wie möglich gemacht werden, eine Bewerbung abzugeben, wie es z. B. mit One-Klick-Bewerbungen gefordert wird. Eine One-Klick-Bewerbung soll es einem Bewerber ermöglichen, mit nur einem (oder zumindest mit sehr wenigen) Klicks sein Interesse an einer Stelle zu bekunden. Eine Variante davon ist, dass der Bewerber sein Profil in einem der Businessnetzwerke mit einem Klick mit dem neuen Arbeitgeber teilt. (Universität Bamberg 2017)

Wir sprachen bereits darüber, dass es im Recruiting keine uniformen Prozesse geben kann, die für die Auswahl aller Kandidaten gleichermaßen gelten können. Zu beachten ist beispielsweise, dass nicht jeder Bewerber über ein Profil in einem Businessnetzwerk verfügt, das mit einem Klick geteilt werden kann. Auch heute gibt es noch Bewerber, die sich bevorzugt mit einer klassischen Bewerbungsmappe über den Postweg bewerben. Die neuen und häufig einfacheren Wege, die uns die fortschreitende Digitalisierung bietet, werden nicht von allen Bewerbern gleichermaßen genutzt. Auch an dieser Stelle steht der Kandidat im Fokus und Unternehmen sind gefordert, individuelle Lösungen anzubieten.

Auf jeden Bewerber individuell eingehen können
Viele Unternehmen betrachten die verschiedenen Bewerberzielgruppen bereits individuell – in den Bereichen Personalmarketing und Employer Branding. Bei Ansprache und Werbung unterscheiden viele Firmen verschiedene Zielgruppen und passen ihre Marketingaktivitäten entsprechend an. Das ist ein wichtiger und richtiger Schritt, der aber nicht beim Marketing enden darf.

Auch der Auswahlprozess ist auf die Bedürfnisse der Kandidaten anzupassen. Hilfreich ist dazu ebenfalls eine individuelle Differenzierung innerhalb der jeweiligen Zielgruppen. Auch hier gilt es sinnvolle und zweckmäßige Unterscheidungen für den Prozess der Personalauswahl zu treffen.

Durch die differenzierte Betrachtung bildet sich eine gute Struktur und ist zudem eine detaillierte Orientierung möglich. Jedoch ist es sinnvoll, in dieser Richtung weiterzugehen, denn im Gegensatz zum Employer Branding, das mit seinen Marketingaktivitäten ganze Gruppen erreicht, haben wir es in der Personalauswahl mit einer 1:1-Beziehung zwischen Unternehmen und Bewerber zu tun. Diese enge Beziehung zu unserem *Kunden* macht eine enge Abstimmung nicht nur möglich, sondern erfordert ein individuelles Vorgehen, ausgerichtet auf dessen Bedürfnisse.

Selbstverständlich geht es im Auswahlverfahren weiterhin darum, herauszufinden, wie gut der Kandidat die Anforderungen der zu besetzenden Stelle erfüllt. Das der Kandidat im Fokus steht, heißt nicht, dass wir für ihn ein *Wunschkonzert* spielen und das Auswahlverfahren gestalten, wie er das gerne hätte. Es geht darum, gemeinsam einen Weg zu finden, in dem jeder im Auswahlverfahren die nötigen Informationen erhält, die er benötigt, um am Ende eine Entscheidung für oder gegen den Kandidaten bzw. die Stelle zu treffen.

So wie wir Recruiter, ist auch der Kandidat während des gesamten Recruitingprozesses auf der Suche nach hilfreichen Informationen über die neue Aufgabe und das Unternehmen. Dieser Punkt wird oft übersehen, wie auch der Aspekt, dass der Kandidat bei einem Stellenwechsel häufig das größere Risiko eingeht. Denn er ist es, der eine sichere Anstellung verlässt und sich auf eine neue Herausforderung in einem unbekannten Team einlässt.

Betrachten wir analog zum vorherigen Beispiel eine Softwareentwicklerin: Selbstverständlich möchte sie fachlich up to date bleiben. Zudem hat sie gerade – und das ist statistisch gesehen nicht unwahrscheinlich – eine Familie gegründet und kümmert sich um einen Pflegefall in der Familie. So ergeben sich allein für die Softwareentwicklerin eine Vielzahl an Kombinationsmöglichkeiten, die sie beschäftigen und die sie mit einer Anstellung in Einklang bringen muss. Idealerweise bietet ein Arbeitgeber passende Lösungsansätze, die der Bewerberin helfen, eine Tätigkeit bei ihm aufzunehmen.

Mit Angeboten wie flexible Arbeitszeit und Homeoffice werben Unternehmen bereits. Doch bleibt unklar, ob diese Angebote für alle und immer gelten. Es ist beispielsweise nur schwer vorstellbar, dass eine Empfangskraft aus dem Homeoffice arbeitet. Die Möglichkeiten der Anpassung der Arbeitsaufgaben an die Bedürfnisse des Bewerbers ist also differenziert zu betrachten. Auch Bewerber werden mit den Herausforderungen einer immer komplexeren und sich stets wandelnden Welt konfrontiert. So ist davon auszugehen, dass es individuelle Lösungen braucht, die gemeinsam mit dem Arbeitgeber gefunden werden müssen.

2.3   Authentisch in jedem Schritt

Auswahlgespräche werden üblicherweise von einem HR-Mitarbeiter und der Führungskraft durchgeführt. Dieses Setting schien lange stimmig. Die Führungskraft weiß schließlich genau, wonach sie sucht und welchen Kandidaten sie in ihrem Team haben möchte. Und HR ist natürlich auch dabei. Das war doch schon immer so – und gibt zudem den Vorstellungsgesprächen den nötigen ernsthaften Rahmen. Bestenfalls kann HR auch durch geschickte Fragen zu den Softskills des Bewerbers ein paar wichtige Erkenntnisse liefern.

Wo aber bleibt der Kandidat? Im Abschnitt zuvor haben wir den Kandidaten noch in den Fokus gerückt. Das führen wir jetzt fort und betrachten in diesem Kapitel, welches Vorgehen im Recruitingprozess aus Sicht des Kandidaten richtig und gut und damit letztlich auch für das Unternehmen von Vorteil ist.

Vorweg: Grundsätzlich ist an dem beschriebenen Setting für das Vorstellungsgespräch nichts auszusetzen. Vor allem die Führungskraft hat ein berechtigtes Interesse, ihren neuen Mitarbeiter im Rahmen eines Auswahlverfahrens kennenzulernen und Einfluss auf die Einstellungsentscheidung zu nehmen.

Allerdings sind bei diesem Setting Augenhöhe, Authentizität und eine glaubwürdige Vermittlung der Aufgabeninhalte häufig nicht gegeben. Denn aus Sicht des Kandidaten besteht fast immer ein hierarchisches Gefälle. Gespräche auf Augenhöhe mit dem potenziellen neuen Chef und Vertretern der neuen Firmen sind daher nur schwerlich möglich. Auch wenn zu Beginn eines Vorstellungsgesprächs vom zukünftigen Vorgesetzten betont wird, dass man sich mit dem Bewerber auf Augenhöhe unterhalten wolle.

Unterschwellig schwingt immer mit, dass eigentlich keine Augenhöhe besteht. Ein Gespräch auf Augenhöhe wird in vielen Interviews seitens des Arbeitgebers angeboten. Der Interviewer bzw. der zukünftige Vorgesetzte kann ein solches Gespräch nur anbieten, wenn er bereit ist, sich auf die Augenhöhe des Bewerbers »herabzulassen«. Andernfalls wäre es eine Forderung nach Augenhöhe. In diesem Fall können wir davon ausgehen, dass der fordernde Gesprächspartner ein (hierarchisches) Gefälle wahrnimmt und seine Position als unterlegen einschätzt

Unklar ist zudem, ob eine Beziehung auf Augenhöhe zwischen Vorgesetzten und potenziellem Mitarbeiter überhaupt bestehen kann. Schließlich verfügt ein Vorgesetzter über eine gewisse Macht über seine Mitarbeiter und kann u. a. über Gehaltserhöhung, Beförderungen und das Bestehen der Probezeit entscheiden.

Paritätischer Austausch und tatsächliche Einblicke unter »Gleichen«

Ein paritätischer Austausch und tatsächliche Einblicke sind vor allem unter »Gleichen« möglich. Das bedeutet, dass vor allem zukünftige Kollegen in den Auswahlprozess eingebunden werden sollen. Zu diesem Ergebnis kam eine Umfrage der Haufe Group (Olberding 2019/1), die ihren Kandidaten folgende Fragen stellte: Welche Informationen wollen sie über ein Stellenangebot haben? Welche Kriterien sind für sie wichtig, um eine Entscheidung zu treffen? Als Antworten wurden zunächst die Stellenanforderungen und eine konkrete Beschreibung der Tätigkeit genannt. Als vertiefend nachgefragt wurde, kamen Punkte zum Vorschein, die für die Kandidaten wirklich von Interesse sind. Dazu ein Beispiel:

Ein Controller war wenig überrascht, dass von ihm Excel-Kenntnisse verlangt wurden und er in seinem Job Reportings erstellen sollte. Ausschlaggebend hinsichtlich des Jobwechsels waren für ihn vielmehr die Antworten auf diese Fragen:

- Wie ist das Miteinander im Team?
- Wie sieht mein Arbeitsalltag aus?
- Welchen Handlungsspielraum habe ich?
- Wie ist der Chef?

Die Fragen sind legitim, doch wagt sie kaum jemand im Vorstellungsgespräch mit dem zukünftigen Vorgesetzten zu stellen. Zudem können auch nur die zukünftigen Kollegen diese Fragen authentisch beantworten.

Die potenzielle zukünftige Führungskraft kann zwar ebenfalls zu den genannten Punkten Auskunft geben, und tatsächlich war es vielen Bewerbern sogar wichtig, zu wissen, was der zukünftige Vorgesetze dazu zu sagen weiß. Jedoch blieben immer auch Fragen offen und es bestand weiterhin Unsicherheit. Denn das Vorverständnis, dass ein Vorgesetzter sich immer wohlwollend über sein Team und das Unternehmen äußert, zeigt, dass die Antwort nicht als authentisch angesehen wird.

Ja, es kann ihm sogar zusätzlich unterstellt werden, dass er ein Interesse daran habe, die offene Position in einem guten Licht zu präsentieren. Schließlich möchte er sie möglichst schnell mit einem passenden Bewerber besetzen. In der Umfrage haben Bewerber zwar nicht an der Aufrichtigkeit des zukünftigen Vorgesetzten gezweifelt, dennoch blieb ein gewisses Misstrauen, ob wirklich alle Facetten der offenen Stellen angesprochen wurden.

Ein weiterer Punkt war, dass viele Bewerber nicht so recht glauben wollten, dass eine Führungskraft tatsächlich mit den Aufgaben ihres Teams so gut vertraut ist, dass sie alle Herausforderungen der täglichen Arbeit wirklich kennt. Schließlich liegen die Arbeitsinhalte der Führungskraft oftmals nicht im operativen Tagesgeschäft.

Die Frage »Wie ist der Chef?« versuchten die Bewerber laut Studie mittels einer Recherche im eigenen Netzwerk zu beantworten. In einigen Fällen wurde die Frage in den Vorstellungsgesprächen umformuliert und die Führungskraft gebeten, ihren Führungsstil zu beschreiben.

Fazit

Auf die Führungskraft im Auswahlverfahren kann nicht verzichtet werden. Glaubhafter und authentischer können aber die zukünftigen Kollegen die Fragen der Kandidaten zu Aufgabe, Team und Unternehmen beantworten. Dies liegt zum einen darin begründet, dass diese Kollegen die gleiche oder eine sehr ähnliche Aufgabe im Unternehmen ausüben. Die Bewerber gehen zum anderen im Gespräch mit zukünftigen Kollegen weniger stark davon aus, dass sie versuchen, die offene Position geschönt darzustellen.

Eine authentische und glaubhafte Kommunikation ist nicht nur im Auswahlverfahren bedeutend. Vielmehr sollte sie sich über den gesamten Recruitingprozess ziehen und nicht erst im Vorstellungsgespräch beginnen. Dementsprechend ist es hilfreich verschiedene Wege im Unternehmen zu etablieren, wie Mitarbeiter und insbesondere Recruitingteams aus den verschiedenen Fachbereichen Informationen aus ihrer Arbeitswelt nach außen transportieren, um so für die offene Position im Team zu werben. Einige Kollegen können beispielsweise die Möglichkeiten der sozialen Netzwerke nutzen und dort über ihre Arbeit berichten. Andere können für die richtige Tonalität in den Stellenausschreibungen sorgen und wieder andere fungieren als erste Kontaktperson für interessierte Kandidaten.

Auf diese Weise ist es möglich, bereits in den frühen Phasen des Recruitingprozesses Bewerbern echte und authentische Einblicke in das Unternehmen zu geben.

Das Wichtigste aus Kapitel 2   !

- Die neue Haltung im Recruiting: Jeder Mensch ist willens, sein Bestes zu geben.
- Jeder Mensch ist gut; es geht darum, die passende Aufgabe zu finden, in der er seine Fähigkeiten bestmöglich einbringen kann.
- Eine kompetenzbasierte Personalauswahl ist die Basis für Unternehmen, um in einer komplexeren und unsicheren Welt erfolgreich zu bleiben.
- Es geht um den Bewerber, nicht um den Prozess. Das Recruiting orientiert sich an den Bedürfnissen des Bewerbers.
- Echte Augenhöhe im Recruiting ist unter »Gleichen« möglich.
- Die Einbindung des Teams ermöglicht authentische und transparente Einblicke in Aufgabe und Team.

3 Was möchte eigentlich der Kandidat?

Im vorherigen Kapitel sind wir darauf eingegangen, wie wichtig die Haltung im Recruiting ist und wieso wir unsere Recruitingprozesse auf die individuellen Bedürfnisse der Bewerber ausrichten sollen. Beide Aufgaben sind komplex und nicht so einfach zu bewältigen – vor allem in den frühen Phasen des Recruitingprozesses, in denen wir es weniger mit einzelnen Bewerbern zu tun haben, auf deren Bedürfnisse wir unser Auswahlverfahren ausrichten können.

Zu Beginn haben wir es zumeist mit einer zuvor definierten Zielgruppe zu tun. Diese Zielgruppe ist uns in wesentlichen Zügen bekannt, sodass wir unser Vorgehen entsprechend ausrichten können.

Ein individuelles, auf den einzelnen Bewerber abgestimmtes Vorgehen ist an dieser Stelle aber noch nicht möglich. Andererseits lassen sich Gemeinsamkeiten beobachten und klassifizieren, die übergreifend für viele Bewerber gelten, z. B. hinsichtlich der Motive für eine Bewerbung.

Im Folgenden werden wir zunächst darauf näher eingehen und uns mit den Motiven von Bewerbern auseinandersetzen, um die Recruitingaktivitäten entsprechend auf die wichtigsten Beweggründe für einen Stellenwechsel auszurichten. Anschließend erarbeiten wir uns mit dem 6-Phasen-Modell der Candidate Experience den passenden Rahmen, um besser zu verstehen, wie wir innerhalb der Phasen im Recruitingprozess individuell auf die Bedürfnisse der Zielgruppe bzw. des Bewerbers eingehen können.

3.1 Motive einer Bewerbung

Die Motivation einer Bewerbung ist einer der wichtigsten Aspekte einer Bewerbung. Dahinter verbirgt sich die Frage, was einen Bewerber zum Handeln bewegt, wodurch er zu motivieren ist. Arbeitet er beispielsweise bewusst auf bestimmte Ziele hin und will etwas erreichen oder will er Probleme lösen und Fehler verhindern?

Richtung die Motivation

Um die Motivation besser zu verstehen, können wir z. B. unterscheiden, welche Richtung die Motivation des Bewerbers hat. Ist die Motivation eher geprägt durch ein Auf-etwas-zu-Muster oder von einem Von-etwas-fort-Muster? (Berndt 2014) Beide Ausprägungen sind gleich wichtig. Tendenziell neigen wir dazu die Motive des Auf-etwas-zu-Musters positiver zu bewerten als die Motive des Von-etwas-fort-Musters. Dies mag mitunter daran liegen, dass vielfach positives Denken und ein gewisses Wachstumsbestreben in Auswahlverfahren bevorzugt wird. Aus Sicht des Recruitings und der Personalauswahl ist zunächst keine der beiden Motivationsrichtung zu bevorzugen. Schließlich sind wir auf der Suche nach dem richtigen Kandidaten für unsere Stelle. Für uns ist nur wichtig, dass wir prüfen, ob wir bzw. unsere Stelle und unser Unternehmen das Motiv des Kandidaten erfüllen können.

Konkret gesprochen kann die Bewerbung eines Kandidaten z. B. darin liegen, dass er die zu besetzende Position als idealen Schritt für seine persönliche und fachliche Weiterentwicklung sieht. Wir haben es also mit einer Auf-etwas-zu-Motivation zu tun.

Für einen anderen Bewerber liegt die Motivation für seine Bewerbung auf die gleiche Stelle darin, zukünftig weniger reisen zu müssen: Die Motivation ist durch ein Von-etwas-fort-Muster geprägt.

Auf den ersten Blick erscheint der erste Kandidat in einem besseren Licht, schließlich möchte er sich weiterentwickeln und verfolgt ein Wachstumsziel, während es beim zweiten Bewerber den Anschein hat, dass er einen weniger anstrengenden Job sucht. Schließlich möchte er seine Reisetätigkeit reduzieren.

Aus der Motivation allein können wir jedoch noch nicht ableiten, wer von den beiden Kandidaten die zu besetzende Stelle besser ausfüllen würde. Es wäre zu kurz gesprungen, den ersten Kandidaten zu bevorzugen, weil wir ihn aufgrund seiner Motivation als ehrgeizig und zielstrebig einschätzen, während wir in die Motivation des zweiten Kandidaten mangelnden Ehrgeiz und geringe Leistungsbereitschaft hineininterpretieren können. Die Motivation für einen Jobwechsel sollte unter den eingehenden Bewerbungen nicht miteinander verglichen und bewertet werden. An dieser Stelle gibt es zunächst kein Richtig und kein Falsch. Viel entscheidender ist es für Unternehmen, zu prüfen, was sich genau hinter der Motivation verbirgt und ob die Erwartungshaltung des Bewerbers auch mit der zu besetzenden Stelle erfüllt werden kann.

Versuchen wir unser Verständnis der beiden Bewerber und ihrer Motivation zu vertiefen. Bei der Motivation des ersten Bewerbers ist zunächst noch unklar, wie und wohin er sich genau entwickeln möchte. Steht die persönliche Entwicklung im Vordergrund? Geht mit der Entwicklung der Wunsch nach einer deutlichen finanziellen Verbesserung einher? Und noch entscheidender: Ist das Unternehmen überhaupt in der Lage, die Entwicklung eines Mitarbeiters auf dieser Position zu fördern? Steht ausreichend Budget für eine baldige Gehaltserhöhung zur Verfügung?

Entwickeln wir auch entsprechende Fragen, um die Motivation des zweiten Kandidaten besser zu begreifen. Hier ist zu klären: Was bedeutet denn für ihn weniger Reisen? Und steht die geringe Reisebereitschaft des Bewerbers überhaupt im Einklang mit der offenen Stelle?

Für eine erfolgreiche und langfristige Zusammenarbeit sind die Wechselmotive der Bewerber genau zu erfragen. Schließlich sind sie der Anlass, warum eine Person überhaupt auf der Suche nach einer neuen Anstellung ist. Werden die Wünsche und Bedürfnisse, die hinter der Motivation des Bewerbers stehen, nicht erfüllt, können wir davon ausgehen, dass der Bewerber sich bald wieder auf die Suche nach einem neuen Arbeitgeber macht.

Die 12 häufigsten Motive für Bewerber, die Stelle zu wechseln
Sicherlich steckt hinter jeder Wechselmotivation eines Bewerbers eine ganz eigene Geschichte mit individuellen Ansprüchen und Wünschen an den neuen Arbeitgeber. Bevor wir im Recruiting auf die individuellen Bedürfnisse eines Bewerbers eingehen können, müssen wir seine Aufmerksamkeit erregen, damit er sich überhaupt bewirbt. Dies kann dadurch gelingen, dass wir die häufigsten Gründe für einen Jobwechsel näher betrachten und in der Kommunikation mit den Bewerbern gezielt auf diese Motive eingehen. Zuvor ist zu prüfen, inwieweit ein Unternehmen in der Lage ist, die verschiedenen Motive der Bewerber zu erfüllen oder die Motive wenigsten besser erfüllen kann als viele andere Unternehmen.

Die folgende Auflistung enthält die 12 häufigsten Motive, die Bewerber zu einen Jobwechsel veranlassen (Slaghuis 2015). Für das Personalmarketing und für die gesamte Candidate Experience im Recruitingprozess sind vor allem die Motive zu identifizieren, die ein Unternehmen besonders gut erfüllen kann. Im Sinne einer authentischen und glaubhaften Kommunikation können in Personalmarketing und Stellenanzeige diese Wechselmotive der Bewerber gezielt angesprochen und bedient werden.

- Fachliche und persönliche Weiterentwicklung
- Kennenlernen einer neuen Branche
- Wechsel der Arbeitsumgebung (Start-up vs. Konzern)
- In einem deutlich internationaleren Kontext arbeiten
- Wunsch nach einer neuen Herausforderung
- Veränderung aus familiären Gründen
- Mehr Zeit mit der Familie verbringen
- Führungsaufgabe niederlegen, mehr fachlich arbeiten
- Arbeiten bei einer großen Marke
- Etwas Großes bewegen wollen
- Ein sicherer Arbeitsplatz
- Mehr Geld verdienen

Fazit

Hinter jedem Wechselmotiv wird sich eine ganz individuelle Geschichte des Bewerbers verbergen. Es lässt sich daher nur schwer vorhersagen, was der Bewerber von seinem neuen Arbeitgeber erwartet und was alles nötig ist, um diese Motive bedienen zu können. In der Kommunikation mit dem Bewerber muss genau erfragt werden, was sich wirklich hinter seinem Wechselmotiv verbirgt.

Einige der aufgezählten Motive wird ein Bewerber ohne weiteres in einem Vorstellungsgespräch nennen, bei anderen wird er sich zunächst bedeckt halten. Der Wunsch die Arbeitsbelastung zu reduzieren und sich gleichzeitig gehaltlich zu verbessern wird z. B. häufig in der Aussage verpackt, dass der Bewerber sich weiterentwickeln möchte. Der Punkt mit der geringeren Arbeitsbelastung kommt, wenn überhaupt, nur über das Motiv »mehr Zeit mit seiner Familie verbringen zu wollen« zur Sprache.

Obwohl diese Wechselmotive nicht zu unserer Leistungsgesellschaft zu passen scheinen, sind es doch Motive, die menschlich sind und die vermutlich jeder von uns nachvollziehen kann. Unabhängig von unserem Verständnis für die Motive des Kandidaten, sind sie doch für ihn so wichtig, dass er unser Unternehmen wieder verlassen wird, sollte er mit der neuen Position nicht das finden, was er sucht.

3.2   Die 6 Phasen der Candidate Experience

Der Recruitingprozess beginnt zumeist mit Marketingkampagnen des Employer Branding oder zumindest mit einer Ausschreibung der zu besetzenden Position und setzt sich mit einem Auswahlverfahren und späterem Onboarding fort. In diesen Schritten gibt es verschiedene Berührungspunkte zwischen Bewerbern und Unternehmen. Die Berührungspunkte – oder besser: die gesammelten Erfahrungen und deren Wahrnehmung durch den Bewerber – bilden die Candidate Experience. Die Candidate Experience beschreibt die Reise des Bewerbers entlang des Recruitingprozesses. Die verschiedenen Berührungspunkte können sechs Phasen zugeordnet werden, wie es das 6-Phasen-Modell der Candidate Experience macht (Verhoeven 2016).

Potenzielle Bewerber beschäftigen sich zumeist nicht erst zum Zeitpunkt ihrer Bewerbung mit dem Arbeitgeber, sondern schon vorher. Das Unternehmen ist ihnen durch Personalmarketingaktivitäten oder eine starke Produktmarke bereits bekannt. Im Verlauf des 6-Phasen-Modells lernen Arbeitgeber und Bewerber sich immer besser kennen. Spätestens ab der Bewerbung ist dann eine 1:1-Beziehung zwischen beiden Akteuren möglich. Ab diesem Punkt steigt die Erwartungshaltung der Bewerber hinsichtlich des Auswahlverfahrens und der direkten Kommunikation enorm an und wird ausschlaggebend für den Erfolg des Recruitings.

Im Folgenden gehen wir auf die 6 Phasen des Modells zur Candidate Experience ein und heben gezielt wichtige Punkte für ein agiles Recruiting hervor.

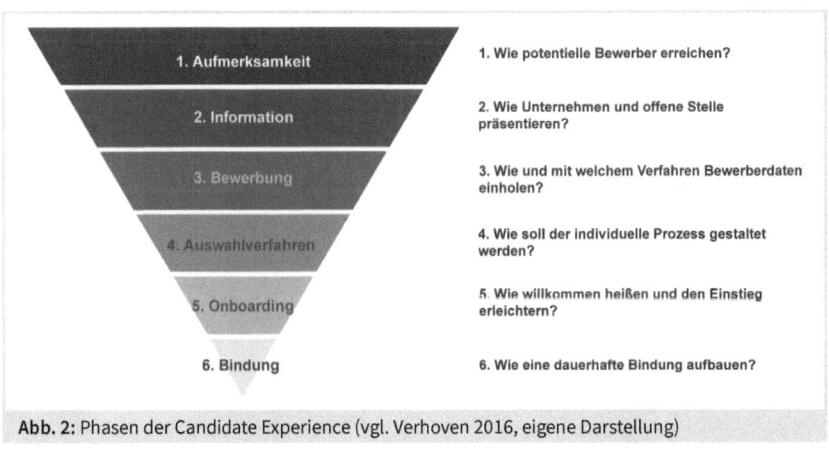

Abb. 2: Phasen der Candidate Experience (vgl. Verhoven 2016, eigene Darstellung)

Phase 1: Anziehungsphase. In diese frühe Phase gehören alle Aktivitäten, die ein Unternehmen als Arbeitgeber sichtbar machen. Eine positive und vor allem authentische Berichterstattung der Presse ist dabei zu bevorzugen. Neben Personalmarketingkampagnen sind es vor allem Mitarbeiterempfehlungen oder unverbindliche Treffen auf Jobmessen und Firmenveranstaltungen, die eine niederschwellige Hürde für einen Erstkontakt darstellen. Eine besondere Rolle können Job-Botschafter spielen, die besonders authentisch und glaubwürdig über die Erfolge ihres Arbeitsalltags berichten.

Phase 2: Informationsphase. Nach erfolgreicher Anziehungsphase gehen interessierte Bewerber schnell in die Informationsphase über. In dieser Phase gehen Bewerber bewusst auf die Suche nach Informationen zum Unternehmen. Viele Unternehmen setzen dabei auf ihre eigene Karriereseite. Eine andere Strategie ist, auf die Medien und Portale zu setzen, auf denen die Bewerber aktiv sind. Neben den bekannten Social Media Seiten wie Facebook und LinkedIn können das auch Instagram oder TikTok sein.

Phase 3: Bewerbungsphase. Die Bewerbungsphase ist wohl die entscheidendste Phase in der Candidate Experience. Nachdem die ersten beiden Phasen einen interessierten Bewerber dazu bewogen haben, seine Bewerbung abgeben zu wollen, geht es nun darum, alles zu tun, um dem Bewerber seine Bewerbung so einfach wie möglich zu machen. Neben einem einfachen und intuitiven Bewerbungsprozess geht es auch um die Unterlagen und Informationen, die ein Bewerber abgeben muss. Nicht immer sind im ersten Schritt vollständige Bewerbungsunterlagen notwendig. Vor allem dann nicht, wenn es dem Bewerber so einfach wie möglich gemacht werden soll, sein Interesse an der ausgeschriebenen Stelle zu bekunden.

Darüber hinaus ist auch entscheidend, wie und in welcher Tonalität mit dem Bewerber über den Erhalt seiner Unterlagen und die nächsten Schritte kommuniziert wird. Um als Arbeitgeber weiterhin authentisch aufzutreten, sollte sich die Tonalität mit den vorherigen Erfahrungen des Bewerbers aus Phase eins und zwei decken. Idealerweise trifft der Bewerber in der Bewerbungsphase auf Gesichter und Namen, die ihm bereits aus der Informationsphase bekannt sind.

Phase 4: Auswahlphase. In dieser Phase treten Unternehmen und Bewerber in einen direkten persönlichen Dialog. Das Unternehmen ist daran interessiert, die Eignung des Kandidaten zu untersuchen und der Bewerber ist weiterhin auf der Suche nach

Informationen zu Stelle und Unternehmen bzw. gleicht er die zuvor gesammelten Informationen mit den bisher im Auswahlverfahren gesammelten Erfahrungen ab. Im Sinne eines agilen Recruiting beginnt spätestens in dieser Phase das kundenzentrierte Vorgehen. Der Arbeitgeber ist an dieser Stelle der Experte und führt den Kandidaten durch den Auswahlprozess. Auf Basis der individuellen Bedürfnisse und Besonderheiten des Bewerbers wird ein Weg definiert, der beiden Seiten die gewünschten Einblicke und Informationen liefert. Die Interessen und Wünsche des Bewerbers sind mindestens als gleichwertig zu beurteilen. Schließlich ist es das Ziel eines Auswahlverfahrens, sich für den richtigen Kandidaten zu entscheiden. Der Richtige ist eben auch ein Kandidat, der Freude an seiner Aufgabe hat und sich in seinem neuen Team wohlfühlt. Nur dann ist von einer erfolgreichen und langfristigen Zusammenarbeit von Unternehmen und Bewerber auszugehen.

Phase 5: Onboarding. Spätestens wenn der Arbeitsvertrag unterschrieben ist, beginnt das Onboarding. Eine erfolgreiche Einarbeitung zielt nicht auf die faktische Informationsvermittlung ab, sondern auch auf die Integration des neuen Kollegen in sein Team. Jeder fünfte Bewerber verlässt in der Probezeit das Unternehmen. Ein häufig genannter Grund ist, dass der neue Job oder der neue Arbeitgeber nicht hält, was zuvor versprochen wurde (Lemke 2020). Eine bittere Erkenntnis für den Kandidaten und für das Unternehmen! Beide Seiten haben zuvor viel Zeit und Mühe investiert, um die beste Entscheidung zu treffen. Waren jedoch beide Seiten während des Auswahlverfahren nicht transparent und haben sich nicht authentisch präsentiert, so erhalten sie mit der Probezeitkündigung dafür die Quittung. War der Bewerber hinsichtlich seiner Qualifikationen und Kompetenzen nicht aufrichtig? Oder hat das Unternehmen keine echten Einblicke in den realen Arbeitsalltag gegeben? In vielen Fällen kommt es zu einer Kündigung, weil man sich sein Gegenüber irgendwie anders vorgestellt hat. Kommt dann noch hinzu, dass das Interesse am Bewerber nach Vertragsunterzeichnung scheinbar geringer wird und er ab dem ersten Arbeitstag auf sich allein gestellt ist, wird der Frust groß. Ohne ein intensives Bemühen für das gute Ankommen des neuen Kollegen vergeben Unternehmen zudem die Möglichkeit, nicht erfüllte Erwartungen und Missverständnisse zu korrigieren oder aus dem Weg zu räumen.

Phase 6: Bindungsphase. Ein erfolgreiches Onboarding geht nahezu unbemerkt in die Bindungsphase über. Sobald der neue Kollege ein »Wir-Gefühl« verspürt und nicht mehr als »der Neue« wahrgenommen wird, ist er im Unternehmen und seinem Team angekommen. Wie rasch der Übergang von der Onboarding- in die Bindungsphase vonstattengeht, hängt stark davon ab, wie gut der neue Mitarbeiter sich in sein neues Arbeitsumfeld integrieren kann, und umgekehrt, wie sehr das neue Team daran interessiert ist, den Neuen in seiner Mitte aufzunehmen.

Gemeinsame Projekte und Mittagspausen können helfen. Sie sind aber nur dann wirklich erfolgreich, wenn sie mit Freude und aus freien Stücken gemeinsam begangen werden. Diktierte Vorgaben aus einem Onboardingplan sind wenig hilfreich, wenn sie vom Team nur halbherzig umgesetzt werden. Um Onboarding und Bindungsphase zu intensivieren und erfolgreich abschließen zu können, ist es daher sinnvoll, das suchende Team früh in den Auswahlprozess mit einzubeziehen. Es hat auf diesem Weg die Möglichkeit seinen neuen Kollegen bereits in einer frühen Phase der Personalauswahl kennen zu lernen und selbst Einfluss auf die Einstellungsentscheidung zu nehmen.

Fazit
Eine gute Candidate Experience geht in jeder Phase auf die Wünsche und Bedürfnisse der Kandidaten ein. Dies ist ein Zeichen der Wertschätzung und zeigt wahres Interesse am gesamten Menschen und nicht nur an seiner Arbeitskraft. Zudem zeichnet sich eine sehr gute Candidate Experience dadurch aus, dass sich Arbeitgeber, Team und Aufgabe möglichst authentisch gegenüber den Kandidaten präsentieren. Dies fördert die Offenheit auf allen Seiten und gibt Kandidaten den Raum, sich ebenfalls zu öffnen und authentisch aufzutreten.

Gelingt es uns im Recruiting nicht, bei den Bewerbern einen positiven Eindruck zu hinterlassen, verspielen wir nicht nur unsere Chance bei den Bewerbern, sondern womöglich auch in ihrem Freundes- und Bekanntenkreis. Bewerber teilen die Erfahrungen, die sie im Auswahlverfahren machen. Das gilt nicht nur für schlechte, sondern auch für gute Erfahrungen. Idealerweise begegnen sich Unternehmen und Kandidat im Auswahlverfahren daher so offen und wertschätzend, dass selbst im Fall einer Absage die Candidate Experience vom Bewerber positiv wahrgenommen wird.

Damit dies gelingt sind in einem Unternehmen alle gefragt. Eine positive Candidate Experience kann nicht allein durch HR erzeugt werden. Vielmehr sind hier vor allem die Akteure gefragt, die im Recruitingprozess mit den Kandidaten in Kontakt kommen. Oftmals sind das eine ganze Reihe von Kollegen unterschiedlichster Fachbereiche, die im Recruiting gemeinsam als Team zusammenarbeiten.

Das Wichtigste aus Kapitel 3

!

- Hinter jeder Bewerbung verbirgt sich eine individuelle Wechselmotivation, die es genau zu erfragen gilt.
- Wechselmotive sind weder gut noch schlecht. Wichtig ist, ob die Erwartungen des Bewerbers erfüllt werden können.
- Die Ansprache der Bewerber richtet sich nach der jeweiligen Zielgruppe und ist möglichst authentisch zu gestalten.
- Das 6-Phasen-Modell der Candidate Experience gibt Orientierung, wie und wann eine möglichst authentische und individuelle Kommunikation gestaltet werden kann.

4 Was ist ein Recruitingteam?

Bereits zu Beginn sprachen wir davon, dass die Herausforderungen im Recruiting immer komplexer werden und dass sich Recruiting daher zu einem Teamsport entwickelt. Es ist also naheliegend, dass Unternehmen entsprechende Teams für das Recruiting aufstellen.

In diesem Kapitel gehen wir darauf ein, aus welchen Akteuren sich das Recruitingteam zusammensetzt. Anschließend zeigen wir, worauf bei der Klärung der Verantwortlichkeiten zu achten ist – was gerade auch bei agilen Teams wichtig ist – und wie das Team gemeinsam Entscheidungen trifft.

4.1 Wer ist das Team?

Ein Recruitingteam setzt sich aus den verschiedensten Mitarbeitern eines Unternehmens zusammen. Selbstverständlich ist HR ein Teil davon, aber auch die Führungskraft, in deren Team eine Stelle zu besetzen ist. Diese Konstellation beschreibt das herkömmliche Setting, in dem die meisten Unternehmen bei der Personalsuche unterwegs sind.

Erweitertes Setting

Um das Recruiting agil werden zu lassen, erweitern wir das herkömmliche Setting. Denn wir haben es – wie zuvor beschrieben – mit einer immer komplexer werdenden Aufgabe im Recruiting zu tun, die von Führungskraft und HR allein kaum bewältigt werden kann. Wir möchten zweitens im agilen Recruiting individueller auf die Bedürfnisse der Bewerber eingehen. Und drittens wollen wir einen authentischen Einblick geben in Aufgaben, Team und Unternehmen. Das Ziel ist, dass sich die richtigen Kandidaten für unser Unternehmen entscheiden.

Anforderung 1: Komplexität easy händeln. Ein Recruitingteam setzt sich daher aus den Mitarbeitern eines Unternehmens zusammen, die helfen können, die steigende Komplexität im Recruiting zu senken oder wenigstens diese besser zu handhaben.

Anforderung 2: Authentisch Einblick geben. Gleichzeitig braucht es Teammitglieder, die helfen, den gesamten Recruitingprozess authentisch und transparent zu gestalten

Anforderung 3: Austausch auf Augenhöhe. und die in einen direkten Austausch auf Augenhöhe mit den Kandidaten gehen können.

Viele dieser Aufgaben liegen in der Verantwortung von HR. Bislang haben wir immer ganz allgemein von HR gesprochen, ohne genau darauf einzugehen, welche Rollen sich dahinter verbergen. In Abhängigkeit von Unternehmensgröße und Spezialisierung sind HR-Abteilungen sehr unterschiedlich aufgestellt. So kann die HR-Seite des Recruitingteams aus Personalreferenten, HR-Businesspartnern, Recruitern, Active Sourcern, Employer-Brand-Managern und weiteren Spezialistenrollen bestehen. Jedes dieser Jobprofile ist auf unterschiedliche Art und Weise in das Recruiting eingebunden und kann einen Beitrag für das Recruitingteam leisten.

Nicht alle Unternehmen verfügen über ein großes HR-Team und vereinen daher mehrere HR-Rollen auf einen Mitarbeiter oder verzichten auf eine derartige Spezialisierung. Daher sprechen wir auch im weiteren Verlauf dieses Buchs weiterhin vereinfacht von HR, meinen damit jedoch alle HR-Rollen, die in einem Unternehmen einen Betrag zum Thema Recruiting leisten können.

Vorschlag: Zentrale Koordination durch HR
Die verschiedenen HR-Rollen sind unterschiedlich intensiv in die verschiedenen Phasen des Recruitingprozesses eingebunden.

Für einen sinnvollen und zielgerichteten Einsatz des geballten HR-Know-how ist es daher empfehlenswert, dass die Recruitingaktivitäten von einer Person aus den Reihen von HR zentral koordiniert werden, z. B. von einem Personalreferenten. Dieser kann im Sinne des Teamsportgedankens die unterschiedlichen HR-Disziplinen gezielt hinzuziehen und gemäß ihren Fähigkeiten bestmöglich einsetzen.

Beispielsweise wird das Know-how eines Active Sourcers nicht bei jeder Stellenbesetzung benötigt und die Kollegen aus dem Personalmarketing werden zu Beginn des Recruitingprozesses stärker eingebunden sein als in der Auswahlphase, wenn die Vorstellungsgespräche geführt werden.

Das agile Plus: Kollegen, Spezialisten, Kunden einbinden
Das agile Recruitingteam besteht einerseits aus HR-Mitarbeitern. Hinzu kommt die Führungskraft des jeweiligen Fachbereichs. (Bis hierhin entspricht das der üblichen Zusammensetzung.) Erweitert wird nun das agile Team durch Kollegen des Fachbereichs, der den neuen Mitarbeiter sucht.

Diese Zusammensetzung ist vor allem innerhalb einer Linienorganisation vorteilhaft.

Sinnvoll ist es, wenn Kollegen aus dem Fachbereich in das Recruiting eingebunden werden, die entweder eine ähnliche Funktion wie die der vakanten Stelle ausüben oder zukünftig eng mit dem neuen Kollegen zusammenarbeiten. Beides zahlt auf eine authentische und glaubhafte Kommunikation mit den Bewerbern ein und soll im Auswahlverfahren durch mehr Transparenz und besseren Einblick in Aufgabe und Team bei den Bewerbern punkten.

In einer Matrixorganisation kann das Team etwas anders geformt sein. Hier können neben dem Team, in dem die zu besetzende Stelle angesiedelt ist, auch Mitarbeiter aus anderen Abteilungen und Bereichen das Recruitingteam bilden. Das überzeugt vor allem dann, wenn der gesuchte Mitarbeiter team- oder bereichsübergreifend im Unternehmen tätig sein wird.

Sind wir beispielsweise auf der Suche nach einem Controller für ein neues Produktionswerk, so könnte das Recruitingteam aus HR, der Führungskraft, zukünftigen Kollegen aus dem Controlling und dem Werksleiter der neuen Produktionsstätte bestehen.

In den meisten Fällen wird sich ein Recruitingteam aus den eigenen Mitarbeitern eines Unternehmens zusammensetzen. Darüber hinaus kann das Team um externe Dienstleister wie Headhunter oder Spezialisten aus Eignungsdiagnostik und Kompetenzmessung ergänzt werden. Diese Dienstleister zahlen weniger auf das Ziel einer authentischen Kommunikation ein, sind aber im Sinne eines koordinierten und abgestimmten Vorgehens im Recruitingprozess mitzudenken.

Über die Unternehmensgrenzen hinausdenken
Ähnliches gilt, wenn wichtige Geschäftskunden und Lieferanten in den Auswahlprozess einbezogen werden. Im Sinne eines agilen, kundenzentrierten Vorgehens kann

es für einzelne Positionen hilfreich sein, über die eigenen Unternehmensgrenzen hinaus zu denken. Ähnlich wie bei der Einbindung der zukünftigen internen Teamkollegen wird die Einbindung von wichtigen Kunden und Lieferanten die Zusammenarbeit mit dem neuen Mitarbeiter verbessern und die Geschäftsbeziehungen schärfen.

Prozess und Recruitingteam Schritt für Schritt aufbauen
Für viele Unternehmen dürfte dies zunächst ein großer Schritt sein, vor dem sie anfangs zurückschrecken. In diesen Fällen kann mit einem internen Recruitingteam gestartet werden. Nach den positiven Erfahrungen und Learnings steigt das Vertrauen einer teamgesteuerten Personalauswahl.

Der nächste Schritt kann gegangen werden, indem z. B. Kunden und Lieferanten in das Auswahlverfahren einbezogen werden. Ihre Rolle beschränkt sich dabei zumeist auf ein einfaches Gespräch mit dem Ziel, sich gegenseitig kennen zu lernen. Im Anschluss wird eine einfache Einschätzung von beiden Seiten eingeholt, ob sie sich eine Zusammenarbeit vorstellen können.

Zugegeben, das klingt ein wenig nach Zukunftsmusik und wird für das Unternehmen und die Kunden bzw. Lieferanten gleichermaßen Neuland sein.

Stellen wir uns vor, wir sind auf der Suche nach einem Key-Account-Manager, dem wir unsere beiden besten und größten Kunden anvertrauen. Einen Großteil seiner Arbeitszeit wird der neue Kollege mit diesen beiden Kunden verbringen. Vermutlich wird er mit ihnen in einem engeren Austausch stehen als mit den anderen Vertriebskollegen. Daher sollten wir sichergehen, dass es zwischen diesen wichtigen Kunden und unserem neuen Key-Account-Manager auf der zwischenmenschlichen Ebene auch passt. Sicherlich lässt sich dies auch innerhalb der Probezeit herausfinden. Eine Probezeitkündigung ist aber vor allem im Vertrieb schmerzhaft. Neben einem Umsatzverlust leidet vor allem die gute Beziehung zu unseren Kunden, die häufiger wechselnde Ansprechpartner nicht sonderlich schätzen.

Ein anderes Beispiel können wir anhand eines Bauunternehmens betrachten. Ein kleines Bauunternehmen baut im Kundenauftrag Einfamilienhäuser. Damit dies immer in guter Qualität und pünktlich zum Fertigstellungstermin gelingt, hat sich das Unternehmen ein Netzwerk aus Handwerksbetrieben aus der Region erarbeitet. Gerade die Zusammenarbeit mit diesen Subunternehmen macht das Bauunternehmen erfolgreich. Auf der Suche nach einem neuen Bauleiter ist es daher entscheidend, dass dieser Bauleiter das Netzwerk aus Handwerkern entsprechend pflegt und gut mit den wichtigsten Gewerken zusammenarbeitet. Andernfalls ist die Gefahr groß, dass die regionalen Handwerksbetriebe das Interesse an einer Zusammenarbeit mit dem Bauunternehmen verlieren und neue Kooperationspartner suchen.

Diese beiden Beispiele zeigen, dass es von Vorteil ist, bei der Personalauswahl über die Grenzen des eigenen Unternehmens zu blicken. Arbeit wird zukünftig noch stärker vernetzt sein und im Zusammenspiel mehrerer und verschiedener Akteure der Wertschöpfungskette erfolgen. Auch wenn die Einbeziehung von Kunden und Lieferanten in die Personalauswahl ein großer Schritt ist, der sich für Unternehmen noch befremdlich anfühlt, sollten Personalentscheider die Option im Hinterkopf behalten. In der konkreten Situation gilt es dann in Abhängigkeit von Stelle und Unternehmen Wege zu finden, wie im Rahmen eines Auswahlverfahrens der Kontakt zwischen Bewerber für besonders wichtige Stellen und entscheidenden Kunden und Lieferanten gestaltet werden kann.

Ein Recruitingteam je Fachbereich oder je Bereichsebene?
Ein Recruitingteam für das gesamte Unternehmen zu installieren, erscheint wenig überzeugend. Das leuchtet sofort ein, bedenkt man den Aspekt der authentischen Kommunikation mit den Bewerbern im Auswahlprozess. Berücksichtigen wir die Einbindung des suchenden Teams bzw. der Kollegen aus angrenzenden Fachbereichen so ist ein Ansatz mit verschiedenen Recruitingteams plausibel. Es ist jedoch genau zu prüfen, ob zu jedem Team im Unternehmen auch ein eigenes Recruitingteam aufgebaut werden muss. In Abhängigkeit von Teamgröße und Anzahl der zu besetzenden Stellen ist individuell zu entscheiden, ob jedes bestehende Team eines Unternehmens auch Teammitglieder für ein eigenes Recruitingteam stellt oder ob ein Recruitingteam auch auf Bereichsebene aufgebaut werden kann.

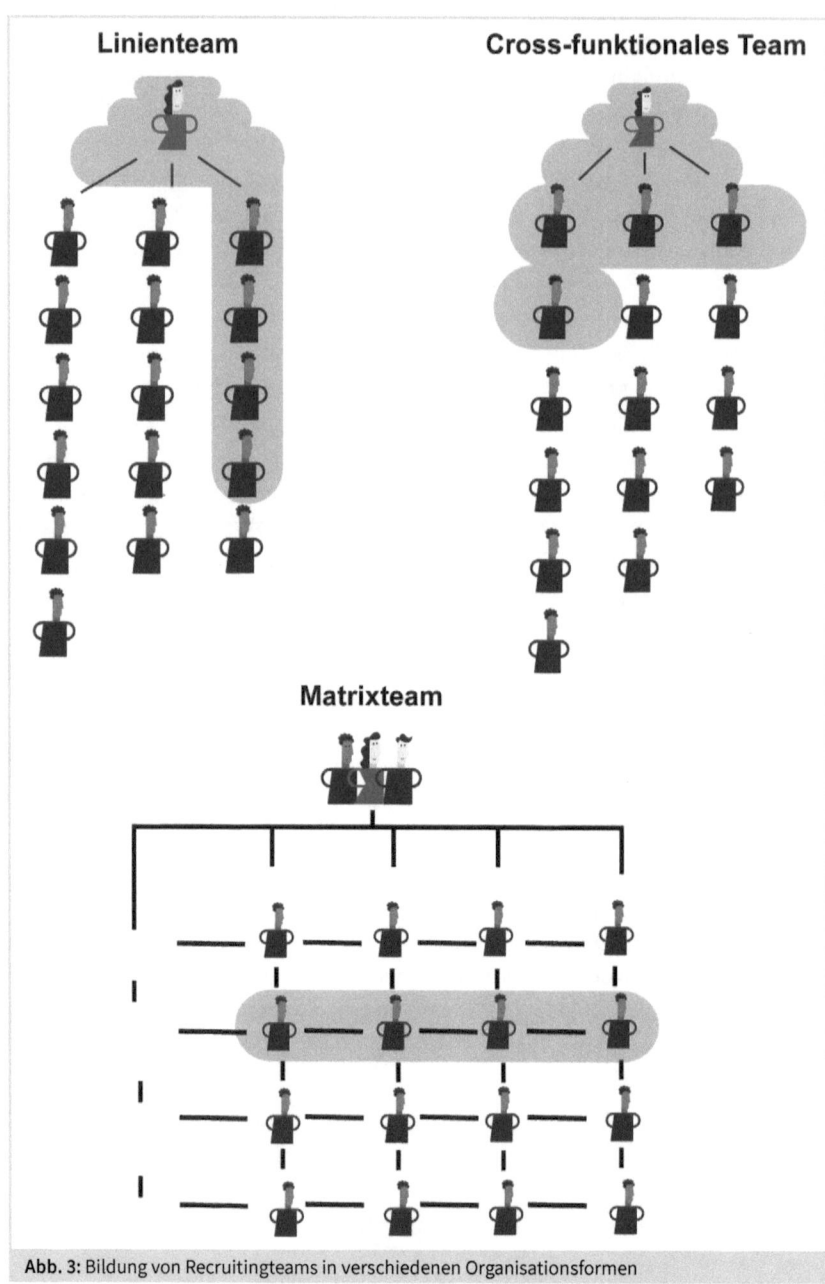

Abb. 3: Bildung von Recruitingteams in verschiedenen Organisationsformen

Ein weiteres Beispiel: Die Buchhaltung eines Unternehmens besteht aus drei Teams: Debitoren, Kreditoren und Reisekostenabrechnung. Ein Personalaufbau ist für die nächsten Jahren nicht geplant. Die Fluktuation ist sehr gering, nur selten werden neue Kollegen für eines der Teams gesucht. In diesem Fall ist es nicht sinnvoll ein Recruitingteam für jedes der drei Linienteams aufzubauen. Aufwand und Nutzen würden in einem so schlechten Verhältnis zueinander stehen, dass es selbst bei einem so wichtigen Thema wie der Personalgewinnung nicht zu rechtfertigen ist. Für unser Beispiel in der Buchhaltung ist es daher ratsam, ein Recruitingteam für den gesamten Bereich der Buchhaltung zu etablieren. Das Recruitingteam kann sich dann aus den Mitarbeitern der einzelnen Linienteams zusammensetzen. Ob jedes Linienteam ein Mitglied für das Recruitingteam stellt, ist individuell zu entscheiden.

Auf die Einbindung der zukünftigen Kollegen sollte aber nicht verzichtet werden. Auch dann nicht, wenn z. B. das Team Reisekostenabrechnung, für das ein neuer Kollege gesucht wird, nicht Teil des Recruitingteams ist. In diesem Beispiel bietet sich z. B. ein Team-fit-Interview an, wie es in Kapitel 10.4 beschrieben steht.

Die optimale Teamgröße
Die Frage zur optimalen Größe eines Recruitingteams ist nicht ganz einfach zu beantworten. Ein Aspekt ist für die Größe des Recruitingteams ist der Grad der Einbindung der verschiedenen Teilnehmer entlang des gesamten Recruitingprozesses. Der Grad der Einbindung beschreibt beispielsweise in welche Prozessschritte die Teammitglieder des Recruitingteams eingebunden werden und wie eigenverantwortlich sie ihre Aufgaben ausführen dürfen. Ein weiterer Aspekt ist die Anzahl der zu besetzenden Stellen. Erfährt z. B. ein Unternehmensbereich aktuell einen starken personellen Aufbau, ist es sinnvoll, ein Recruitingteam aufzubauen, das vergleichsweise stark in den gesamten Recruitingprozess eingebunden wird.

Eine starke Einbindung des suchenden Teams kann zugleich eine Entlastung von HR und Führungskraft darstellen. Recruitingprozesse können sich beschleunigen, wenn nicht mehr der Terminkalender der Führungskraft das Nadelöhr ist. Bevor das Recruiting jedoch auf mehrere Schultern verteilt werden kann, ist es notwendig, das Team schrittweise auf seine neue Aufgabe vorzubereiten.

Demgegenüber steht ein Fachbereich, der seltener auf der Suche nach einem neuen Mitarbeiter ist. Für diesen Fall ist genau abzuwägen, wie stark das suchende Team in den Recruitingprozess einbezogen werden sollte und wieviel Aufwand für die Qualifizierung der einzelnen Teammitglieder sinnvoll ist.

Für die kleinste Ausgestaltung eines Recruitingteams empfiehlt es sich, neben HR und der Führungskraft zwei weitere Mitarbeiter aus dem suchenden Team aufzunehmen. Während HR und die Führungskraft bereits über Erfahrungen im Recruiting verfügen, ist es für die Mitglieder des suchenden Teams oftmals eine völlig neue Aufgabe. Diese Aufgabe kann den beiden Teammitgliedern leichter gemacht werden, indem beide voneinander und miteinander im Recruitingprozess lernen.

4.2   Verantwortung klären

Der erste große Schritt ist getan: Wir haben für die Bereiche und für etliche Teams ein Recruitingteam zusammengestellt. Die Recruitingteams haben begonnen, nach den Grundsätzen cross-funktionaler Teams zu arbeiten. Dann ist doch jetzt eigentlich alles geklärt und die Personalsuche kann beginnen, oder? Im Grunde ist die Annahme richtig. Dennoch, das Thema Verantwortung ist so wichtig, dass wir es uns hier genauer anschauen müssen – und es auch in den Recruitingteams anschließend besprochen werden sollte.

Zur Erinnerung: In einem cross-funktionalen Team (siehe Kapitel 2.1) können nicht alle Teammitglieder alles und es tun auch nicht alle Teammitglieder alles. Schließlich möchten wir jedes Teammitglied bestmöglich im Recruitingprozess einsetzen. Damit dies gelingt, muss jedem im Team klar sein, was zu tun ist. In einem herkömmlichen Setting steuert HR durch den Prozess, stimmt sich mit der Führungskraft ab und hält die Bewerber über den Stand ihrer Bewerbung auf dem Laufenden.

Auch wenn die Koordination weiterhin bei HR verbleiben soll, haben sich bereits jetzt der Koordinations- und Abstimmungsaufwand erhöht. Schließlich ist jetzt ein ganzes Recruitingteam über den aktuellen Status und die nächsten Schritte zu informieren.

Betrachten wir zum Beispiel die Interviewphase im Recruitingprozess. Ein entscheidender Faktor für die Einbindung des suchenden Teams ist es, durch authentische und offene Kommunikation die Bewerber für das eigene Unternehmen zu gewinnen. Das bedeutet auch, dass Vertreter des suchenden Teams in die Auswahlgespräche eingebunden werden – oder sogar die Gespräche mit den Bewerbern eigenständig führen.

Es ist also nötig, ein Auge auf enge Abstimmungsprozesse zu haben, schließlich möchte das suchende Team vor dem Gespräch über den aktuellen Status des Bewerbers informiert werden und nach dem Gespräch gemeinsam zu einer Einschätzung bzgl. des Kandidaten kommen. Diese Einschätzung ist wiederum dem verbleibenden Recruitingteam mitzuteilen. Gleichzeitig erhöht sich der Aufwand, wenn es darum geht, einen Termin für ein Vorstellungsgespräch zu vereinbaren und einen passenden Termin sowohl im Kalender der Mitglieder des Recruitingteams, als auch im Kalender des Kandidaten zu finden.

Hiring-Manager für die Besetzung einer Position
Für einen schnelleren und pragmatischen Ablauf benennen viele Unternehmen einen Hiring-Manager. Oftmals übernimmt diese Funktion die Führungskraft, die gerade auf Personalsuche ist. Der Hiring-Manager ist für die Besetzung dieser einen Stelle zuständig und behält vor allem den Auswahlprozess im Auge. Vielfach beginnt dies bereits bei der Sichtung und Beurteilung von Bewerbungsunterlagen.

In einem Recruitingteam kann die Führungskraft die Rolle des Hiring Managers übernehmen. Ebenso ist es denkbar, dass ein Teammitglied diese Aufgabe übernimmt. Schließlich geht es zunächst darum, dass der Hiring-Manager die Koordination sowohl des Recruitingprozesses als auch der Abstimmungstermine im Recruitingteam übernimmt.

Diese Aufgabe kann jedoch erweitert werden, indem der Hiring-Manager auch die Terminkoordination für die Vorstellungsgespräche mit den Kandidaten übernimmt. Das hat den Vorteil, dass Bewerber und Team bereits zu einem frühen Zeitpunkt im Auswahlprozess miteinander in Kontakt treten und sich kennenlernen. Zudem wird dieser Schritt die Candidate Experience positiv beeinflussen und sie nochmals steigern, wenn die einladende Person beim ersten Interview mit dabei ist.

Auf den ersten Blick scheint es, dass wir die Verantwortung für das operative Recruiting schrittweise von HR auf die Fachbereiche übertragen möchten. Vor allem die Korrespondenz mit den Bewerbern, das Schreiben von Einladungen und Absagen, dürfte für viele HR-Bereiche einen großen Teil ihrer täglichen Arbeit ausmachen. Korrespondenz und Terminvereinbarung sind aber per se keine Arbeiten, die eine Qualifikation im HR-Umfeld erfordern und streng genommen auf der Position einer jeden Sachbearbeitung erfolgen können. Eine Übertragung dieser Aufgaben auf das Recruitingteam sollte problemlos möglich sein.

Dieser Schritt sollte vor allem in Unternehmen gegangen werden, die im Rahmen der agilen Transformation mehr Verantwortung in ihre Teams und auf einzelne Mitarbeiter verteilen wollen. Dabei wird nur die Verantwortung für die operative Prozessdurchführung auf das Recruitingteam übertragen. Es bleibt weiterhin die Aufgabe von HR einen flexiblen und sicheren Prozess für die Personalauswahl bereitzustellen und diesen stetig zu verbessern. In Kapitel 5 »Die Rolle von HR« gehen wir noch einmal genauer auf diesen Punkt ein.

Neben der Interviewphase gibt es noch viele weitere Schritte im Recruitingprozess. Die Einbindung des Recruitingteams kann dabei auf viele unterschiedliche Arten erfolgen. Es ist keinesfalls notwendig, die gesamte Verantwortung auf die suchenden Teammitglieder des Recruitingteams zu übertragen. Viele Unternehmen beginnen damit, Recruitingteams erstmalig in der Interviewphase einzusetzen und übertragen ihnen später weitere Aufgaben im anschließend folgenden Onboarding.

Im Laufe der Zeit entwickelt sich ein Recruitingprozess, in dem die einzelnen Mitglieder des Recruitingteams gemäß ihrer Spezialisierungen unterschiedliche Aufgaben übernehmen und in den verschiedenen Phasen unterschiedlich viel Verantwortung tragen. Dabei lernen die Teammitglieder voneinander und teilen ihr Wissen und ihre Erfahrungen. Vor allem HR ist an dieser Stelle gefragt, sein Wissen zu teilen und die anderen Mitglieder im Recruitingteam für ihre neue Aufgabe fit zu machen.

4.3   Mitbestimmung in agilen Teams

Wer Verantwortung trägt, sollte auch mitreden dürfen, wenn Entscheidungen zu treffen sind. Eine logische Konsequenz, schließlich ist es nicht möglich, Verantwortung für das eigene Handeln zu tragen, wenn jemand anderes die Entscheidungen für einen trifft. Ganz im agilen Sinne ist also dafür zu sorgen, dass Verantwortung und Entscheidungsbefugnis dort liegen, wo die nötige Kompetenz zu finden ist, die jeweilige Entscheidung treffen zu können (Klein, Euwens 2018).

Im Rahmen des agilen Recruitings liegt die Verantwortung und die Entscheidungsmacht im Recruitingteam. Da in diesem Team auch die Führungskraft und HR zu finden sind, scheint die Entscheidungsmacht bei den bekannten Akteuren zu verbleiben. Welche Rolle spielt in diesem Setting dann das Team, also die in das Recruiting eingebundenen Mitarbeiter des suchenden Teams?

Je mehr die zukünftigen Kollegen in den Auswahlprozess involviert werden, desto mehr müssten sie auch in die Entscheidungsfindung involviert werden. Andernfalls können diese Teammitglieder keine Verantwortung in den verschiedenen Phasen des Recruitingprozesses übernehmen und das Recruiting Stück für Stück verbessern (Häusling 2013).

Wir haben bereits unterschiedliche Faktoren aufgezählt, die auf den Grad der Einbindung des suchenden Teams Einfluss nehmen. Wichtig war dabei immer, dass die Einbindung des Teams schrittweise erfolgt. Schrittweise wird Verantwortung von der Führungskraft und von HR auf die Teamkollegen übertragen. Gleichzeitig baut das Team Stück für Stück mehr Kompetenzen auf, um die jeweilige Aufgabe im Recruiting durchführen zu können und dabei verantwortungsvoll zu handeln.

Ähnlich verhält es sich nun mit der Entscheidungsfindung. Schrittweise wird das Team stärker in diesen Punkt eingebunden. Wir folgen dabei dem Grundsatz, dass Verantwortung und Entscheidungsbefugnisse dort liegen sollen, wo auch die nötige Kompetenz für diese Entscheidungen zu finden ist.

Vor allem zu Beginn, wenn noch wenig Entscheidungskompetenz im Team zu finden ist, ist die Einbeziehung des Teams ein Zeichen der Wertschätzung der Führungskraft gegenüber ihren Mitarbeitern. Wurde erst damit begonnen, ein Recruitingteam aufzubauen, ist in den meisten Fällen auch die Kompetenz im Team noch deutlich ausbaufähig. Daher ist in dieser Anfangsphase HR besonders gefragt das Recruitingteam darin zu unterstützen die nötigen Kompetenzen aufzubauen. Entsprechend der Kompetenzverteilung tragen HR und Führungskraft die Verantwortung und treffen die Entscheidungen.

Schrittweise kann – entsprechend dem Kompetenzaufwuchs – die Entscheidungsmacht auf das gesamte Team übertragen werden.

Es gibt verschiedene Wege der Entscheidungsfindung. Welcher Weg für das Recruitingteam der richtige ist, hängt vom agilen Reifegrad des Teams und der Bereitschaft der Führungskraft, Verantwortung zu übertragen, ab. (Häusling 2020)

Die Abbildung »Wege einer Entscheidungsfindung« zeigt sechs Methoden, wie Entscheidungen gemeinsam getroffen werden können. Die Wege unterscheiden sich in der Art, wie ein Team in den Entscheidungsfindungsprozess eingebunden und wieviel Verantwortung von der Führungskraft auf das Team übertragen wird. Für das agile Recruiting ergeben sich daraus mehrere Möglichkeiten, die entlang des Personalauswahlprozesses unterschiedlich eingesetzt werden können.

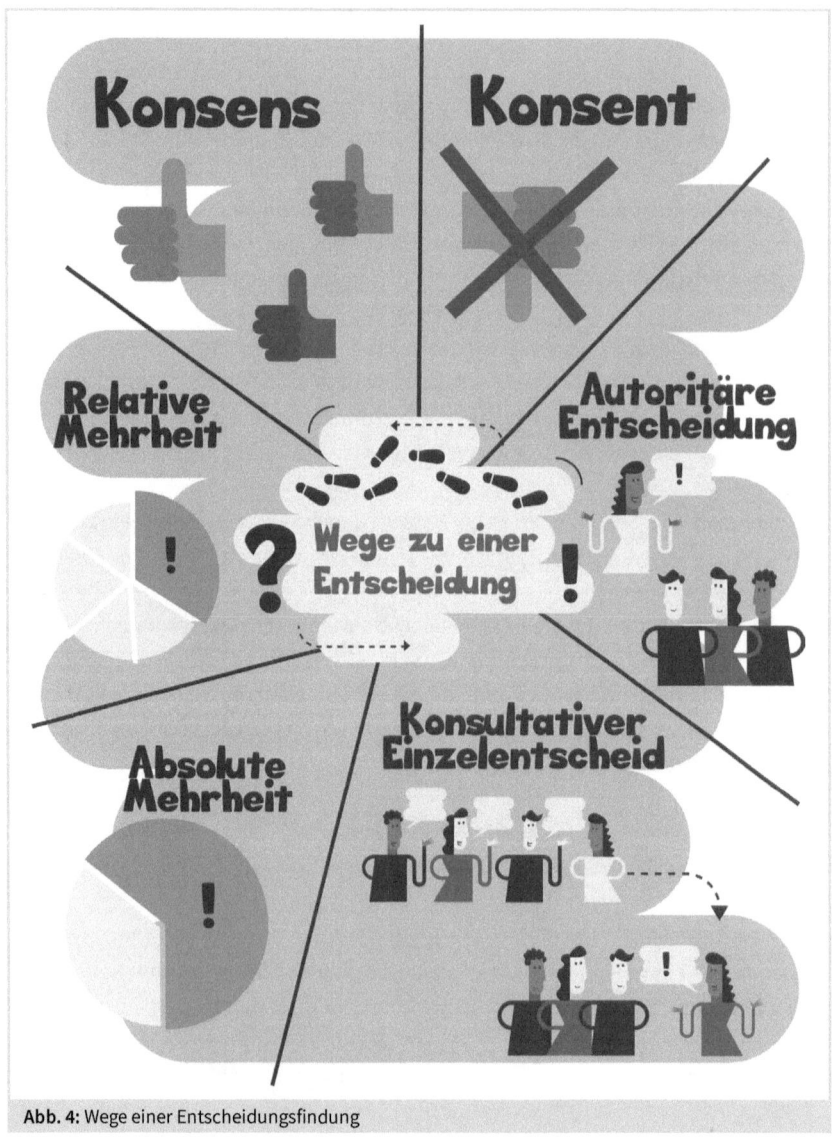

Abb. 4: Wege einer Entscheidungsfindung

Weg 1: Die autoritäre Entscheidung

Bei der autoritären Entscheidung liegt die Entscheidungsbefugnis allein bei der Führungskraft. Eine Einbindung des Teams in die Entscheidungsfindung erfolgt nicht.

Wie in der Abbildung dargestellt teilt die Führungskraft die Entscheidung, die sie getroffen hat, ihrem Team mit. Das Team hat diese Entscheidung zu akzeptieren und entsprechend zu handeln. Die autoritäre Entscheidungsfindung steht bei vielen Unternehmen und Teams noch auf der Tagesordnung.

Führungskräfte treffen sicherlich ihre Entscheidung nach bestem Wissen und Gewissen und werden stets im Interesse des Unternehmens und ihres Teams handeln. Ein derartiger autoritärer und offensichtlich auch hierarchischer Führungsstil entspricht aber keinesfalls den Anforderungen der heutigen Zeit – und das gilt unabhängig davon, ob wir uns in einem agilen Kontext bewegen oder nicht.

Nicht nur das Recruiting, sondern die gesamte Unternehmensumwelt wird zunehmend komplexer. Eine Führungskraft ist gut beraten, wenn sie bei der Entscheidungsfindung neben ihrer eigenen Einschätzung verschiedene Positionen und Blickwinkel einbezieht. Eine Möglichkeit ist der konsultative Einzelentscheid.

Weg 2: Der konsultative Einzelentscheid

Bei dem konsultativen Einzelentscheid liegt die Entscheidungsbefugnis weiterhin allein bei der Führungskraft. Jedoch berät sie sich vor ihrer Entscheidung mit den Mitgliedern ihres Teams und anderen Personen aus dem Unternehmen. Wie in der Abbildung dargestellt holt die Führungskraft Meinungen und Sichtweisen aus ihrem Team ein. Anschließend trifft die Führungskraft eine Entscheidung und verkündet sie in ihrem Team. Auch an dieser Stelle verfügt das Team über kein explizites Mitspracherecht und keine Möglichkeit, ein Veto einzulegen.

Bevor die Führungskraft ihre Entscheidung trifft, hört sie zwar ihr Team an. Ob und inwieweit die Empfehlungen des Teams bei der Entscheidungsfindung berücksichtigt werden, bleibt im Ermessen der Führungskraft. Sicherlich wird kaum eine Führungskraft entgegen der Empfehlung ihres Teams handeln. Vor allem nicht im Recruiting, wenn sich das Team nach einem Team-fit-Interview gegen einen Kandidaten ausspricht.

Der konsultative Einzelentscheid bietet nicht nur die Möglichkeit unterschiedliche Sichtweisen auf eine Aufgabe zu erhalten. Die Empfehlungen des Teams helfen der Führungskraft, auftretende Probleme und Widerstände im Team zu bedenken und in ihre Entscheidungsfindung einfließen zu lassen. Wichtig ist bei diesem Weg der Entscheidungsfindung, dem Team vorab die Rahmenbedingungen zu kommunizieren.

Um keine falsche Erwartungshaltung zu wecken, muss allen Beteiligten klar sein, dass das Team lediglich Empfehlungen ausspricht. Ob und in welcher Weise die Führungskraft diese Empfehlungen berücksichtigt, bleibt allein in ihrem Ermessen. Was sich jedoch ändert, ist die Art der Entscheidungsverkündung. Im Vergleich zur autoritären Entscheidung sollte die Führungskraft ihre Entscheidung begründen – und offenlegen, warum sie welchen Empfehlungen gefolgt ist und anderen nicht.

Der konsultative Einzelentscheid ist ein guter Weg für Führungskraft und Team, um sich gemeinsam in Richtung agiler Führung und der Förderung von Selbstorganisation und Selbstverantwortung zu entwickeln. Auf der einen Seite gewinnt die Führungskraft Einblicke, welche Themen ihre Mitarbeiter bewegt und gewinnt schrittweise Vertrauen in die Entscheidungskompetenz des Teams. Auf der anderen Seite wird das Team zum Mitdenken aufgefordert und in unternehmerische Entscheidungen eingebunden. Es erhält nun die Möglichkeit, diese Kompetenzen schrittweise zu entwickeln.

Weg 3: Die absolute Mehrheit
Den Begriff absolute Mehrheit dürften viele mit Bundestagswahlen und Politik in Verbindung bringen. Für eine absolute Mehrheit werden mehr als die Hälfte aller Stimmen derjenigen benötigt, die an der Abstimmung teilnehmen dürfen. Das klingt zunächst ein wenig kryptisch. An einem Beispiel bezogen auf unser Auswahlverfahren wird es klarer.

Angenommen HR, Führungskraft und ihr gesamtes 8-köpfiges Team dürfen im Anschluss eines Vorstellungsgesprächs darüber abstimmen, ob der interviewte Kandidat eingestellt werden soll oder nicht. Jeder hat dabei eine Stimme und jede Stimme hat das gleiche Gewicht. Die Stimme der Führungskraft zählt also nicht doppelt oder genauso viel wie alle Stimmen aus des Team zusammen.

Insgesamt dürfen zehn Personen abstimmen. Für eine absolute Mehrheit werden sechs Stimmen oder mehr benötigt. Diese Zahl verändert sich nicht. Auch dann nicht, wenn nur sieben der zehn Personen abstimmen konnten. Bei einem 8-köpfigen Team ist es nicht unwahrscheinlich, dass immer einer im Urlaub, auf Dienstreise oder krank ist. Die absolute Mehrheit ist auch in diesen Situationen erst dann erreicht, wenn aus der Abstimmung dieser sieben Personen eine Mehrheit von sechs Stimmen für eine Einstellung oder Absage erreicht wurde.

Die absolute Mehrheit stellt also sicher, das Interesse aller Stimmberechtigten zu wahren, auch dann, wenn sie zum Zeitpunkt der Abstimmung gerade verhindert sind. Sollten sich in unserem Beispiel sechs der sieben Personen einig sein, den Kandidaten im Anschluss an das Vorstellungsgespräch einzustellen, können auch die drei verbleibenden Stimmen der abwesenden Teammitglieder daran nichts mehr ändern, da die absolute Mehrheit erreicht wurde.

Bei einer solchen Abstimmung gibt die Führungskraft ihre Entscheidungsmacht auf bzw. hat sie das gleiche Gewicht wie jedes andere Mitglied im Team. Für einen so weitgehenden Schritt in der Entscheidungsfindung braucht es besondere Rahmenbedingungen in Team und Unternehmen.

Einem Team sollte nur dann so viel Verantwortung übertragen werden, wenn es gelernt hat, unternehmerische Entscheidungen zu treffen. Es kann und darf bei einer Abstimmung nicht mehr nur das Wohl des Teams betrachten. Gleichzeitig müssen auch alle stimmberechtigten Personen für die Konsequenzen ihrer Entscheidung verantwortlich gemacht werden können.

Die absolute Mehrheit wird derzeit vermutlich nur in sehr wenigen Unternehmen ein probates Mittel zur Entscheidungsfindung im Recruiting darstellen. An dieser Stelle soll sie vielmehr als Anregung dazu dienen, welche Optionen zur Verfügung stehen und wie stark ein Team in die Entscheidungsfindung einbezogen werden kann.

Weg 4: Die relative Mehrheit
Die relative Mehrheit spielt nur dann eine Rolle, wenn mehr als zwei Optionen im Raum stehen. Die Option, die die meisten Stimmen erhält, ist ausgewählt. Stehen z. B. drei Optionen zur Wahl, so würden es ausreichen, wenn eine Option 40 % der Stimmen auf sich vereint, während sich für die beiden anderen jeweils 30 % der Wähler entschieden hätten.

Mit einer solchen Stimmverteilung ist es nicht ratsam eine Einstellungsentschei-dung zu treffen. Auch wenn ein Kandidat 40 % der Stimmen erhält, verbleiben immer noch 60 % der zukünftigen Kollegen, die sich für einen anderen Kandidaten ausge-sprochen haben. Zudem dürfte es in vielen Auswahlverfahren unwahrscheinlich sein, gegen Ende drei Kandidaten zu identifizieren, die alle gleichermaßen für die zu besetzende Stelle in Frage kommen.

Die relative Mehrheit kann dennoch hilfreich im Recruitingprozess sein. Vor allem wenn es in der Vorauswahl darum geht, aus den eingehenden Bewerbungen diejeni-gen auszuwählen, die im weiteren Auswahlverfahren berücksichtigt werden sollen.

In der Vorbereitung auf das Auswahlverfahren hat sich z. B. ein Recruitingteam darauf geeinigt, mit den zehn besten Bewerbern ein Vorabinterview zu führen, um anschließend fünf Bewerber benennen zu können, die zu einem persönlichen Gespräch eingeladen werden. Ein durchaus zweckmäßiges Vorgehen, schließlich ist Recruiting eine zeitintensive Angelegenheit.

Auf die ausgeschriebene Stelle gehen nun in kurzer Zeit weit über 70 Bewerbungen ein. Anhand der zuvor im Anforderungsprofil definierten Auswahlkriterien lassen sich die Bewerbungen auf 20 Kandidaten reduzieren, die auf Basis der Papierlage allesamt gleichermaßen geeignet scheinen.

Das Recruitingteam möchte aber bei seiner Entscheidung bleiben und mit zehn Kan-didaten ein Vorabinterview führen. Eine Entscheidung muss her. An dieser Stelle ist ein Abstimmverfahren im Sinne der relativen Mehrheit hilfreich. Vielleicht in Form eines Dot-Votings.

Vorauswahl mittels Dot-Voting
Jedes Mitglied des Recruitingteams erhält zehn Stimmen, die es in Form von Punk-ten auf die verschiedenen Kandidaten verteilen kann. Ob die zehn Punkte auf zehn verschiedene Kandidaten verteilt werden oder ein Kandidat gleich mehrere Punkte von einem Teammitglied erhält, bleibt offen. Im Anschluss an die Abstimmung werden die zehn Bewerber zu einem ersten Interview eingeladen, die die meisten Punkte erhalten haben.

An dieser Stelle verzichtet die Führungskraft erneut auf ihre Entscheidungsmacht und reiht sich hinsichtlich Anzahl und Gewicht ihrer Stimme in das Recruitingteam ein. Mit einem entscheidenden Unterschied zum vorherigen Beispiel der absoluten Mehrheit.

Die erste Selektion von 70 auf 20 Bewerber ist auf Basis von zuvor fest definierten Merkmalen aus dem Anforderungsprofil erstellt. Die Führungskraft konnte also bereits durch die Definition von Auswahlkriterien Einfluss auf die Entscheidung nehmen. Zudem erfolgt die Abstimmung zur weiteren Selektion auf zehn Bewerber aus einer Menge scheinbar gleich guter Alternativen.

Es verbleibt eine Unsicherheit, ob tatsächlich die zehn besten Bewerber ausgewählt werden, aber diese Entscheidung wird anhand des Erfahrungswissen des gesamten Recruitingteams getroffen. Zusätzlich kann die Führungskraft auch ein Veto-Recht für sich beanspruchen, wenn sie einen bestimmten Bewerber unbedingt unter den Top 10 sehen möchte.

Extra: Konsens und Konsent
Ob Entscheidungen mittels Konsens oder Konsent herbeigeführt werden, macht sprachlich zwar einen kleinen, tatsächlich aber einen großen Unterschied. Um diesen Unterschied sauber herauszuarbeiten, betrachten wir die beiden Wege der Entscheidungsfindung. In aller Kürze zusammengefasst:
* Konsens bedeutet: Die Entscheidung ist getroffen, wenn alle dafür sind.
* Konsent bedeutet: Die Entscheidung wird getroffen, wenn nichts mehr dagegenspricht.

Das heißt, eine Entscheidung, die im Konsens getroffen werden soll, ist nur dann möglich, wenn von den Abstimmberechtigten kein Veto eingelegt wird. Sobald auch nur eine Person ein Veto einlegt, kann die Entscheidung nicht getroffen werden. Auch dann nicht, wenn sich alle anderen Kollegen einig sind.

Das Vetorecht gibt einer Minderheit eine große Macht. Eine Minderheit kann mittels eines Vetos den Ausgang der Entscheidung maßgeblich beeinflussen. Sie kann solange einen Vorschlag ablehnen, bis die Anpassungen, die sie fordert, vorgenommen wurden. Gelingt es der Gruppe nicht, das Veto auszuräumen, oder beharrt eine Person auf ihrem Veto, so kann die Entscheidung nicht getroffen werden.

Unabhängig davon, ob vom Vetorecht Gebrauch gemacht wird, dauert es in der Regel in der Praxis sehr lange, bis eine Entscheidung im Konsens getroffen werden kann. Schließlich müssen sich alle Beteiligte eine eindeutige Meinung gebildet haben. Dies kann lange Phasen der Informationssuche und ausführliche Diskussionen beinhalten. Kommen dann nicht alle Beteiligte zum gleichen Ergebnis, muss der Inhalt der Abstimmung geändert werden und der Prozess beginnt von vorn.

Eine Konsent-Entscheidung bedeutet hingegen, dass nicht die Mehrheit entscheidet, sondern das beste verfügbare Argument. Steht das beste verfügbare Argument dafür, dass die Entscheidung getroffen wird, so wird sie getroffen. Entscheidungen können auf diesem Weg schnell getroffen werden. Ein Einwand ist im Konsent kein Veto, sondern ein Hinweis darauf, dass es noch etwas zu beachten gilt. Besteht ein Einwand, so kann er oftmals auf verschiedenen Weise in die Entscheidung integriert werden.

Entscheidungen, die im Konsent getroffen werden, können mit jedem Einwand besser werden. Vorausgesetzt, dass ein Einwand keinen schwerwiegenden Grund gegen eine Entscheidung beinhaltet. Wobei sich auch in diesem Fall die Entscheidung verbessert, da sie nicht getroffen wird.

Der große Vorteil von Konsent-Entscheidungen gegenüber einem Konsens besteht darin, dass Entscheidungen schnell getroffen und nicht durch das Veto eines einzelnen blockiert werden können. Anstelle eines Vetos gibt es Einwände, die hinsichtlich der Güte ihrer Argumente Einfluss auf eine Entscheidung nehmen.

Dazu ein Beispiel: Im Anschluss an ein Vorstellungsgespräch trifft sich das Recruitingteam, um eine Entscheidung für den interviewten Kandidaten und das weitere Vorgehen zu treffen. Mit einem ersten Daumenvoting kann herausgefunden werden, ob bereits ein Konsent für eine Einstellung des Kandidaten besteht. Daumen hoch bedeutet, »Ja, ich bin für eine Einstellung des Kandidaten«, Daumen runter bedeutet, »Ich habe noch Einwände, die wir vor einer Einstellungsentscheidung klären müssen«.

Mit wenig Aufwand können auf diesem Weg die Mitglieder des Recruitingteams ausfindig gemacht werden, die einen Einwand bringen möchten. Jedes Teammitglied bringt seine Einwände zur Sprache und gemeinsam wird überlegt, wie dieser Einwand gelöst werden kann oder ob es ein schwerwiegender Einwand ist, der gegen eine Einstellung des Kandidaten spricht. Sind alle Einwände und Lösungsmöglichkeiten diskutiert, erfolgt nochmals ein Daumenvoting. In diesem Voting ist auch die Variante »Daumen zur Seite« erlaubt. Diese Variante hilft den Teammitgliedern, die zuvor Einwände gegenüber einer Einstellung des Kandidaten hatten, zu zeigen, dass diese Einstellungsentscheidung aus ihrer Sicht nicht die Beste ist, sie aber die Entscheidung mittragen werden.

Das Daumenvoting sollte nun zu einem eindeutigen Ergebnis gelangen. Entweder sind alle Daumen nach oben und zur Seite gerichtet, sodass der Kandidat eingestellt werden kann, oder es sind alle Daumen nach unten und zur Seite gerichtet, mit der Folge, dass dem Kandidaten abgesagt wird. Besteht das Abstimmergebnis aus Daumen, die nach oben und nach unten gerichtet sind, sind noch einmal die Argumente der Gegenstimmen zu prüfen. Wenn es sich nicht um schwerwiegende Einwände handelt, kann trotzdem eine Entscheidung getroffen werden, indem die Minderheit überstimmt werden kann.

Für die Führungskraft bedeutet eine Konsent-Entscheidung, dass sie viel Verantwortung auf das Recruitingteam überträgt. Da auch sie über kein Vetorecht verfügt, muss die Führungskraft die Entscheidung des Recruitingteams mittragen können. Das ist für viele Führungskräfte ein großer Schritt, der einfacher fällt, wenn zunächst nach der Methode des konsultativen Einzelentscheids verfahren wurde. Diese Vorstufe hilft der Führungskraft, Vertrauen in die Entscheidungskompetenz ihrer Mitarbeiter zu gewinnen. Zeitgleich gewinnt das Team an Erfahrung im Treffen von Auswahlentscheidungen und erhält die Möglichkeit von Führungskraft und HR zu lernen.

Entscheidungen, die im Konsent getroffen werden, stellen einen hohen Reifegrad in der agilen Transformation dar. Zugleich wird es der auf diese Weise ausgewählte neue Kollege deutlich leichter haben, sich in das Team zu integrieren. Schließlich waren einige der zukünftigen Kollegen an der Auswahlentscheidung beteiligt und haben keine schweren Argumente gegen eine Einstellung hervorgebracht.

Fazit
Die verschiedenen Wege einer Entscheidung zeigen auf, wie ein Team in die Entscheidungsfindung eingebunden werden kann. Wieviel Entscheidungsmacht letztendlich auf das Team übertragen wird ist abhängig vom Reifegrad des gesamten Unternehmens. In Unternehmen mit einem hohen agilen Reifegrad ist es denkbar, dass Mitarbeiter eigenverantwortlich Entscheidungen treffen, wen sie einstellen möchten. Gleichzeitig wird es viele Unternehmen geben, deren Führungskräfte wenigsten ein Vetorecht hinsichtlich einer Einstellungsentscheidung behalten möchten. Schließlich liegt es bei ihnen, diesen neuen Kollegen zu führen und sicherzustellen, dass ihr Team die geforderte Leistung bringt.

Ein gangbarer Weg, der gemeinsames Lernen und Wachsen ermöglicht, ist die Abkehr von autoritären Entscheidungsprozessen hinzu Entscheidungsprozessen, die zunächst auf konsultativer Basis erfolgen. In einem weiteren Schritt kann zu Konsent-Entscheidungen übergegangen werden, sobald genügend Kompetenzen im Recruitingteam aufgebaut wurden.

Besonders wichtig ist es, zu jedem Zeitpunkt den Weg zur Entscheidungsfindung klar zu kommunizieren und festzulegen. Dies muss spätestens zu Beginn des Auswahlprozesses erfolgen, ansonsten ist die Gefahr groß, dass vor allem bei den Teammitgliedern des suchenden Teams eine Erwartungshaltung zu Entscheidungsbefugnissen geweckt wird, die eine Führungskraft (noch) nicht mitgehen möchte.

Binden HR und die Führungskraft beispielsweise das Team aktiv in das Auswahlverfahren ein und das Team übernimmt eigenständig einen Teil der jeweiligen Vorstellungsgespräche, so muss anschließend auch das Team die Möglichkeit haben, die Eindrücke und Erkenntnisse, die es aus dem Gespräch mit den Bewerbern gewonnen hat, mitzuteilen. Fließen diese Eindrücke nicht in die Entscheidungsfindung für eine Absage oder Einstellung ein, wird die Verärgerung im Team groß sein und das Vertrauensverhältnis zwischen der Führungskraft und ihren Mitarbeitern leidet.

Das Wichtigste aus Kapitel 4   **!**

- Ein Recruitingteam beinhaltet alle Akteure, die bei der Besetzung für eine Stelle gemeinsam tätig sind.
- Ein Recruitingteam besteht auch aus Mitarbeitern, die zukünftig eng mit dem neuen Kollegen zusammenarbeiten werden.
- Für jeden Fachbereich oder für jedes Team in einer Organisation kann ein Recruitingteam gebildet werden.
- Verantwortlichkeiten sind im Recruitingteam klar zu benennen, oftmals übernimmt ein Mitarbeiter die Rolle des Hiring-Managers.
- Recruitingteams erhalten ein Mitbestimmungsrecht. Zu Beginn empfiehlt sich das Vorgehen des konsultativen Einzelentscheids, das sich zum Vorgehen eines Konsens weiterentwickeln kann.

5 Die Rolle von HR

In einem klassischen Setting liegt nicht nur die Hoheit über den gesamten Recruitingprozess bei HR, sondern auch die operative Umsetzung jedes Recruitingschritts.

Im agilen Recruiting ändert sich die Rolle von HR: die HR-Aktivitäten richten sich völlig auf die Bedürfnisse der Kunden aus. Und die Kunden von HR sind die verschiedenen Fachbereiche des Unternehmens.

Im Kontext von agilem Recruiting unterstützt und fördert HR die Recruitingteams dabei, ihr Ziel zu erreichen. HR wird zum Enabler und festigt zeitgleich seine Expertenrolle, indem es weiterhin in seiner Verantwortung bleibt, Recruitingprozesse und Aktivitäten zu verbessern und weiterzuentwickeln.

5.1 Expertenrolle und Enabler

Kein Vorstellungsgespräch ohne HR! So lautet in vielen Unternehmen die selbstauferlegte Maßnahme zur Qualitätssicherung – oder vielleicht auch zur Sicherung der Stellung von HR im Unternehmen. Die zweite Sicht mag ein wenig zynisch sein und den Anstrengungen von HR nicht gerecht werden. Sie soll uns aber als provokanter Einstieg dienen, die Aufgaben von HR im Recruiting durch die Kundenbrille zu betrachten. Ein kundenzentriertes Vorgehen ist die Basis eines jeden agilen Projekts und daher auch im agilen Recruiting zu beachten.

Die Kunden von HR sind zunächst die verschiedenen Fachbereiche eines Unternehmens. Diese Bereiche werden von HR unterstützt, damit sie jeden Tag das bestmögliche erreichen können. Im Kontext von Recruiting könnten wir auch sagen, dass die Bewerber die Kunden von HR sind. Schließlich richten wir all unsere Recruitingaktivitäten auf sie aus und versuchen die Kommunikation mit den Bewerbern so authentisch wie möglich zu gestalten, um sie für unser Unternehmen zu gewinnen.

Fraglich ist aber, ob Bewerber Kunden von HR oder vom suchenden Fachbereich sind. Betrachten wir die unterschiedlichen Interessen, dürfte vieles klarer werden. Die Aufgabe von HR ist es, die verschiedenen Fachbereiche bestmöglich zu unterstützen. HR trägt dazu bei, Rahmenbedingungen und Strukturen zu schaffen, die ein reibungsloses und zielstrebiges Miteinander im Unternehmen ermöglichen. Die Entwicklung und das Bereitstellen von funktionierenden Recruitingprozessen und Strategien zur Personalgewinnung ist ein Teil dieser Aufgabe.

Naheliegend, dass es auch für HR von Interesse ist, dass offene Stellen schnellstmöglich mit den besten Kandidaten besetzt werden. Die Bewerber selbst sind aber keine Kunden von HR. Es sind die Fachbereiche, die einen neuen Mitarbeiter einstellen möchten. Es ist beispielsweise nicht der Wunsch von HR, einen weiteren Mitarbeiter im Salesteam einzustellen, sonst wäre es eine Anweisung von HR an das Salesteam, einen weiteren Kollegen zu beschäftigen.

In der Praxis schaut es so aus, dass das Salesteam bzw. die Führungskraft ihren Personalbedarf an HR melden und um Unterstützung bitten. Oftmals schwingt hier die Erwartungshaltung an HR mit, in möglichst wenigen Tagen den perfekten Kandidaten zu präsentieren, der durch den Fachbereich nur noch schnell abgenickt werden muss. Idealerweise wird der neue Mitarbeiter geliefert wie bestellt und das möglichst schnell und ohne viel Nachfragen.

Die Realität sieht ein wenig anders aus. Die Verantwortung, den passenden Mitarbeiter zu finden, liegt nicht allein bei HR. Die Fachbereiche müssen sich um die Gunst ihrer Kunden bemühen, dabei dürfen sie gerne auf die Unterstützung von HR zählen.

Wie aber die Wünsche und Bedürfnisse von Bewerbern aussehen, die eine Anstellung in der Buchhaltung suchen, sollte dem Fachbereich sehr gut bekannt sein.

Verantwortung des Fachbereichs

Dazu ein Beispiel: Stellen wir uns eine Buchhaltung vor, an der in den letzten 10 Jahren die Digitalisierung schlicht vorbeigegangen ist. Es wird zwar nicht mit dem Rechenschieber gearbeitet, aber die Buchhaltungssoftware stammt noch aus den 90er-Jahren des letzten Jahrtausends. Belege werden immer noch händisch in Papierform abgelegt. Die Führungskraft ist für ihren traditionellen Führungsstil bekannt. Im gesamten Team herrscht eine Siez-Kultur und als Dresscode gilt Business-Schick, gerne mit Krawatte bzw. im Kostüm.

Diese Rahmenbedingungen dürften nur für wenige Bewerber attraktiv sein. Auf dem sowieso schon stark umkämpften Arbeitsmarkt für Buchhalter wird es also nochmals schwieriger, einen Kandidaten für das Unternehmen zu gewinnen. Diese erschwerten Rahmenbedingungen liegen aber nicht in der Verantwortung von HR, sondern in der Verantwortung des Fachbereichs.

Recruiting kann also nicht allein in der Verantwortung von HR liegen. Die Außenwirkung des eigenen Fachbereichs und eine zeitgemäße Gestaltung der Arbeitsinhalte liegt in der Verantwortung der jeweiligen Fachbereiche und ihrer Führungskräfte.

Ein erster Schritt um den Fachbereich näher an seine »Kunden« zu bringen, besteht darin, ihm einerseits bewusst zu machen, dass auch er für den Recruitingerfolg verantwortlich ist, und ihn andererseits stärker in den gesamten Recruitingprozess zu involvieren.

Durch den Kontakt mit seiner Zielgruppe lernt der Fachbereich die Wünsche und Bedürfnisse von Bewerbern bessern kennen und erfährt aus erster Hand, was aktuell auf dem Arbeitsmarkt geboten wird.

Rahmenbedingungen für das Recruiting verbessern

Für das agile Recruiting bedeutet das konkret, dass HR die bestmöglichen Rahmenbedingungen für das Recruiting neuer Kollegen schafft. Die Entwicklung und stete Verbesserung des Recruitingprozesses liegt im Verantwortungsbereich von HR. Gemeinsam mit dem Fachbereich wird der bestmögliche Recruitingprozess für die jeweilige Stelle aufgesetzt.

Die Durchführung des Recruitings, vor allem die Auswahlphase, liegt im Verantwortungsbereich des gesamten Recruitingteams. In diesem Team übernimmt HR die Rolle des Enablers. Für einen optimalen Recruitingprozess und für die Einhaltung von gesetzten Standards zur Qualitätssicherung und Einhaltung von Rechtsvorschriften unterstützt HR das Team, die nötigen Recruitingkompetenzen aufzubauen.

Der Aufbau der benötigten Recruitingkompetenzen erfolgt schrittweise und ist angepasst an die Erfahrungen des Teams und die nächsten Schritte im Recruitingprozess. Nehmen wir an, ein noch recht unerfahrenes Recruitingteam erhält die Aufgabe, im Rahmen der Vorauswahl mit einzelnen Bewerben ein telefonisches Interview zu führen, um in Anschluss die Kandidaten auswählen zu können, die zu einem persönlichen Gespräch eingeladen werden sollen (Häusling 2013). Mit Ausnahme des HR-Kollegen hat noch keiner aus dem Recruitingteam Telefoninterviews geführt. Doch die Idee ist: Bereits zu Beginn sollen die Kandidaten die Möglichkeit haben, mit zukünftigen Kollegen zu sprechen und echte Einblicke zu bekommen. Dazu ist es notwendig, das Team schnellstmöglich in Kontakt mit seinen Kunden zu bringen und es stärker in den Recruitingprozess zu involvieren.

Die Aufgabe von HR besteht in dem Recruitingteam nicht darin, die Telefoninterviews zu führen, sondern in der Rolle des Enablers die Teammitglieder auf ihre neue Aufgabe vorzubereiten. HR muss die Teammitglieder dort abholen, wo sie gerade stehen. Mehr Sicherheit im Gespräch kann z. B. ein gemeinsam mit HR entwickelter Interviewleitfaden bringen, oder HR vermittelt grundlegende Fragetechniken.

Wenn das Team unerfahrenen ist, gilt es genau zu prüfen, welche Kompetenzen in welcher Qualität unbedingt vorhanden sein müssen, damit die unerfahrenen Teammitglieder Interviews erfolgreich führen können. Eine mehrwöchige Ausbildung zum Profiler würde über das gesetzte Ziel hinausschießen. Ganz ohne Hilfestellung von HR wird das Recruitingteam diese Aufgabe aber auch nicht lösen können.

Im Laufe der Zeit steigen Erfahrung und Routine, im Recruitingteam beim Führen von Telefoninterviews und bei HR im Coaching von Recruitingkompetenzen. Alle Beteiligten lernen gemeinsam voneinander und können ihr Vorgehen stets weiterentwickeln und auf die Bedürfnisse des Recruitingteams und der Bewerber anpassen.

Auch den Bewerber dürfen wir an dieser Stelle nicht vergessen. Für viele Bewerber wird es neu sein, direkt mit Kollegen aus den Fachbereichen zu sprechen. In den

Interviews können sich völlig neue Situationen und Fragen entwickeln, die in einem Setting mit Führungskraft und HR vielleicht nicht auftreten würden. Wie mit diesen Situationen umzugehen ist und wie die Fragen des Bewerbers am besten beantwortet werden können, stellt für HR und das gesamte Recruitingteam eine neue Aufgabe dar, die es gemeinsam zu lösen gilt.

Experten für arbeitsrechtliche Aspekte
Nehmen wir beispielsweise den Einstellungsprozess. Die Anhörung des Betriebsrats und die Vertragserstellung können bei HR bleiben. Das nötige Wissen aus dem Betriebsverfassungsgesetz und den arbeitsrechtlichen Hürden bei der Erstellung eines Arbeitsvertrags ist besser in der Expertenhand von HR aufgehoben.

Sollten im Auswahlprozess Onlineassessments und Persönlichkeitstest eingesetzt werden, ist es ausreichend, wenn das Recruitingteam über die Möglichkeiten dieser Auswahlmethoden informiert ist. Einsatz und Auswertung bleiben aber in Expertenhand von HR. HR kann in Bezug auf die jeweilige Stelle eine sinnvolle Methode wählen oder externe Dienstleister beauftragen.

Wichtig ist an dieser Stelle, eine zweckmäßige Grenze zu ziehen. Es liegt in der Natur der Sache, dass weniger Einstellungen getätigt als Vorstellungsgespräche geführt werden. Für eine Einstellung gibt es zahlreiche rechtliche Vorgaben und interne Vereinbarungen zu beachten. Dieses Wissen im Recruitingteam aufzubauen erscheint nicht sinnvoll. Erst recht nicht, wenn wir bedenken, dass sich die rechtlichen Rahmenbedingungen häufig ändern.

Ein wenig anders kann es sich im Beispiel mit den Onlineassessments verhalten. Kommen sie z. B. bei jedem Bewerber im Rahmen der Vorauswahl zum Einsatz, kann es sinnvoll sein, erfahrenere Recruitingteams auch in diesem Punkt schrittweise zu enablen und das Know-how im gesamten Team zu steigern.

Beratungs- und Coachingkompetenz für HR
Nicht nur die einzelnen Mitglieder des Recruitingteams müssen neue Kompetenzen aufbauen und weiterentwickeln. Auch auf HR kommen in der Rolle des Enablers neue und unbekannte Aufgabe zu.

Für den perfekten Start in das agile Recruiting und in den Aufbau von Recruitingteams ist es hilfreich, HR auf diese neue Aufgabe vorzubereiten. Im Fokus dieser neuen Aufgabe stehen Beratungs- und Coachingkompetenzen, die gezielt entwickelt und gefördert werden müssen. Diese Kompetenzen helfen HR, schließlich kommt es zu einem Perspektivwechsel.

Als Fachexperte ist es HR gewohnt, schwierige Fragen zu beantworten und komplexe Situationen zu lösen. Als Enabler ist HR nun vielmehr gefragt, sein Gegenüber zu verstehen und »abzuholen«. Es nützt wenig, dem Recruitingteam zu sagen, wie etwas im Recruiting besser gemacht werden kann, wenn HR nicht in der Lage ist das Recruitingteam zu befähigen, sich zu verbessern.

Der Expertenrat von HR: »Die Vorstellungsgespräche müssen dem Aufbau des Multimodalen Interviews nach Schuler entsprechen. Neben der STAR-Fragetechnik empfehle ich Ihnen, auf die bekannten Beurteilungsfehler und den Pygmalion-Effekt zu achten.«, ist sicherlich richtig. Das Recruitingteam wird vermutlich aber noch nie von Heinz Schuler und seinem Multimodalen Interview und der STAR-Fragetechnik gehört haben. Während beides zur Not noch im Selbststudium erlernbar ist, kann über Beurteilungsfehler in der Personalauswahl zwar gelesen werden, um sie aber dauerhaft zu vermeiden oder wenigsten zu minimieren braucht es einen Partner, der die eigene Selbstreflexion anregt und getroffene Entscheidungen hinterfragt.

Beratungs- und Coaching-Kompetenzen werden von HR nicht nur im Rahmen von Recruiting und dem Aufbau von Recruitingteams benötigt. Auch im Rahmen der agilen Transformation, in strategischen Projekten oder komplexen Veränderungsprozessen werden zunehmend HRler benötigt, die zu Mitgestaltern von Businessprozessen werden und beratend unterstützen. Eine Entwicklung, die zu einem neuen Selbstverständnis von HR führen kann.

Fazit

Das Entwickeln und Enabeln des Recruitingteams ist eine der wichtigsten Aufgaben von HR im agilen Recruiting. Diese Aufgabe kann HR übernehmen, weil es über das nötige Expertenwissen verfügt. Es ist aber nicht das Ziel, alle Mitglieder des Recruitingteams ebenfalls zu Experten auszubilden. Es ist zu unterscheiden, welches Know-how im Recruitingteam benötig wird, damit es seine Aufgabe wie gewünscht erledigen kann, und welches Know-how bei HR als Experte verbleibt.

5.2   Der richtige Grad der Selbstorganisation

Im agilen Recruiting wird HR weiterhin für seine Fachexpertise geschätzt. In welchen Themen HR als Fachexperte konsultiert wird, ist abhängig vom agilen Reifegrad des gesamten Unternehmens und vor allem der Recruitingteams. Für einen reibungslosen Recruitingprozess und eine positive Candidate Experience sind Aufgaben und Grad der Einbindung zuvor genau festzulegen.

An verschiedenen Stellen haben wir schon davon gesprochen, dass die Mitglieder des Recruitingteams schrittweise an ihre neue Aufgabe herangeführt werden müssen. Die Führungskraft lernt loszulassen und die Teammitglieder wachsen Stück für Stück in ihre neue Aufgabe hinein. Begleitet wird dieser Prozess von HR.

Jetzt ist es an der Zeit, einmal genau hinzuschauen, in welchen Bereichen HR das Recruitingteam enablen und welcher Grad der Selbstorganisation vom Recruitingteam getragen werden kann. Gleichzeitig haben wir auch ein Auge darauf, welcher Grad der Einbindung für die zu besetzende Stelle zweckmäßig ist.

Wann und in welcher Weise das vollständige Recruitingteam in den Recruitingprozess eingebunden wird, kann zuvor in Absprache von HR mit der Führungskraft festgelegt werden. Dies ist vor allem zu Beginn sehr hilfreich.

Wird ein neues Recruitingteam aufgesetzt, erhält die Führungskraft durch dieses Vorgehen die nötige Sicherheit, um das Team schrittweise in das Recruiting einzubinden und Verantwortung abzugeben. In erfahreneren Teams kann gemeinsam darüber gesprochen werden, in welchen Punkten das Team den Recruitingprozess mehr und besser unterstützen kann.

Grad der gewünschten Einbindung

Die Abbildung »Ein Recruitingteam enablen« zeigt vier verschiedene Prozessschritte, in denen ein Recruitingteam den Prozess unterstützen kann. Zusätzlich wird die Entscheidungsfindung abgebildet, also der Grad an gewünschter Mitbestimmung durch das Team. Die Einbindung der Teammitglieder kann in jeder Dimension einzeln bewertet werden. Die Kurve *Grad der gewünschten Einbindung* zeigt beispielsweise für den Prozessschritt »Anforderungsanalyse« eine gewünschte mittlere bis hohe Einbindung des Teams, während für den Prozessschritt »Stellenanzeige« eine eher geringe Einbindung des Teams gewünscht wird.

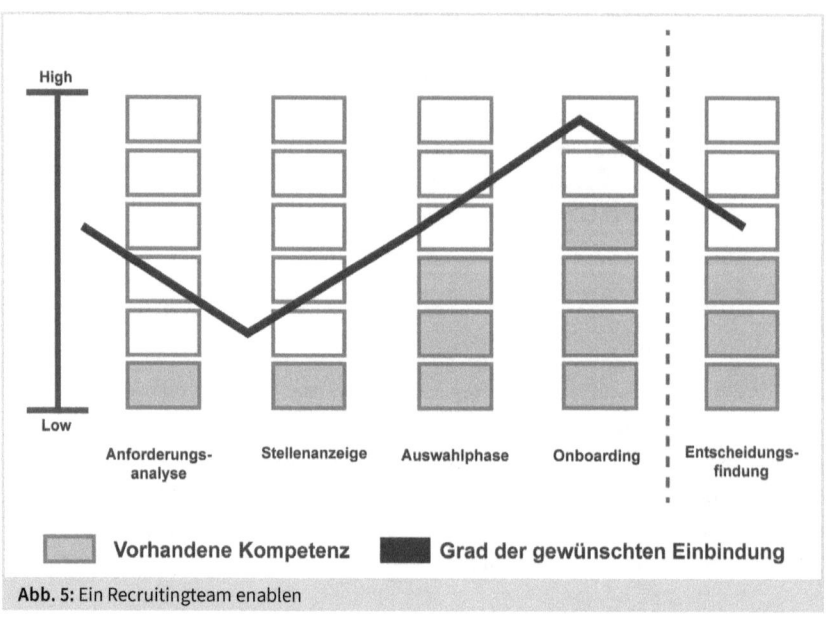

Abb. 5: Ein Recruitingteam enablen

Vorhandene Recruitingkompetenz
Zusätzlich wird die bereits vorhandene Recruitingkompetenz der Teammitglieder eingeschätzt. Betrachten wir wieder die Schritte »Anforderungsanalyse« und »Stellenanzeige«. Die hierfür notwendigen Kompetenzen sind im Recruitingteam aktuell sehr gering ausgeprägt. Es besteht ein niedriger Reifegrad. Eine eher hohe Kompetenz hingegen ist bereits zum Thema »Onboarding« vorhanden.

Aus dem Unterschied von vorhandener Kompetenz und gewünschtem Grad der Einbindung ergibt sich die Aufgabe von HR, das Enabling und Coaching des Recruitingteams in Richtung Sollzustand.

Schrittweiser Aufbau der Recruitingkompetenz
Die Recruitingkompetenzen im Recruitingteam sollen schrittweise aufgebaut werden. Die Lücke zwischen vorhandener und gewünschter Kompetenz im Prozessschritt »Anforderungsanalyse« ist recht hoch. Daher kann das Team zunächst nicht auf dem Niveau des gewünschten Reifegrads unterstützen. Dies sollte zu Beginn allen Beteiligten klar sein, um keine falsche Erwartungshaltung zu wecken und das Team nicht zu überfordern. Gleichzeitig gibt der gewünschte Reifegrad das Ziel der Reise vor und HR und Team wissen, welchen Weg sie noch zu gehen haben.

Das Ziel besteht nicht darin, immer den höchsten Reifegrad der jeweiligen Recruitingkompetenz im Team zu erreichen. Es gibt eine Vielzahl von Faktoren, die Einfluss auf den idealen Reifegrad nehmen. Ein paar möglicher Faktoren werden im Folgenden genannt. Diese Auflistung soll dabei vor allem als Anregung dienen und helfen. Helfen, wenn es darum geht, ein eigenes Recruitingteam aufzubauen und die gewünschten Kompetenzen besser einschätzen zu können.

Prozessschritt 1: Anforderungsanalyse. Generell kann das Team einen wertvollen Beitrag in der Anforderungsanalyse leisten. Vor allem dann, wenn eine gleiche oder ähnliche Position im Team neu zu besetzen ist. Das Team kann Einsichten zu Herausforderungen im operativen Tagesgeschäft geben, von dem sich eine Führungskraft im Laufe der Zeit entfernt hat.

Ist eine völlig neue Position im Team zu besetzen, braucht es im Team schon eine gewissen Weitsicht und unternehmerisches Denken, bevor es einen wertvollen Beitrag in der Anforderungsanalyse geben kann. Dies gilt umso mehr, wenn das Team gezielt weiterentwickelt werden soll und eher ein Querdenker gesucht wird, der als disruptives Element das gesamte Team fordert.

Prozessschritt 2: Auswahlphase. Das Team kann in der Auswahlphase einen großen positiven Effekt auf die Candidate Experience des Kandidaten ausüben. Auf die Einbindung des Teams sollte an dieser Stelle nicht verzichtet werden.

Sind viele Stelle im Verantwortungsbereich des Recruitingteams zu besetzen, ist es sinnvoll, für die Auswahlphase einen hohen Reifegrad anzustreben. Das Team erhält zum einen die nötige Übung um sich entsprechend zu verbessern, zum anderen können HR und die Führungskraft entlastet werden.

Eine starke Einbindung des Teams in dieser Phase ist für viele Unternehmen auch ein Start in die agile Transformation des Teams und die stärkere Einbindung in das Recruiting. Viele Recruitingteams starten erstmalig mit der Auswahlphase, bevor sie später in die anderen Schritte eingebunden werden.

Prozessschritt 3: Onboarding. Besonders im Onboarding ist eine starke Einbindung des Teams notwendig, um den neuen Kollegen schnellstmöglich in das neue Team zu integrieren. Es ist an dieser Stelle also nicht ratsam, einen geringen Reifegrad anzustreben. Ob das Onboarding aber vollständig in die Verantwortung des Teams gegeben werden kann, ist auch abhängig von verschiedenen Faktoren im Unternehmen.

Die Bereitstellung von Arbeitsmaterialien, Zutrittsrechten und weiterem Arbeitsequipment kann über die Kompetenzen eines Recruitingteams hinausgehen und die Befugnisse einer Führungskraft notwendig machen. Das Onboarding eignet sich vor allem für junge Recruitingteams, um ihre begonnene Arbeit aus der Auswahlphase fortzuführen und durch das Onboarding des ausgewählten Kandidaten weiter zu lernen.

Prozessschritt 4: Entscheidungsfindung. Einer der spannendsten Punkte. Mit dem angestrebten Reifegrad in der Entscheidungsfindung wird definiert, wie sehr das Team Einfluss auf eine Entscheidung nehmen kann oder sie gar alleine treffen darf. Der Grad an Mitbestimmung darf sich in den einzelnen Prozess-Schritten unterscheiden. Schließich ist es etwas anderes, wenn das Team entscheidet, wer zu einem Interview eingeladen wird, oder wenn es selbständig eine Einstellungsentscheidung trifft.

Fazit und Ausblick

In Summe ist es ein gemeinsames Voneinander Lernen und Vertrauen über alle Phasen des Recruitings hinweg.

Der Reifegrad zur Entscheidungsfindung kann im Laufe der Zeit wachsen. Wie eigenständig ein Team Entscheidungen treffen darf, liegt am Ende bei der Bereitschaft der Führungskraft, Verantwortung zu übertragen und beim Reifegrad der gesamten Organisation mit selbstorganisierenden Teams umzugehen.

Im zweiten Teil dieses Buches wird gezielt auf die einzelnen Prozessschritte eingegangen. Es werden unterschiedliche Möglichkeiten aufgezeigt, wie HR ein Recruitingteam entsprechend des angestrebten agilen Reifegrads enablen und coachen kann. Die Entscheidungsfindung ist dabei ein ganz eigenes Thema und ist entlang des gesamten Recruitingprozesses von Bedeutung. Wie Entscheidungen getroffen werden und wie HR den agilen Reifegrad eines Teams fördern kann, haben wir bereits im Kapitel Entscheidungsfindung besprochen.

Arbeitshilfen online

Bei den Arbeitshilfen online haben wir eine Blankoversion der Abbildung »Ein Recruitingteam enabeln« für Sie zum Download eingestellt. Nutzen Sie die Abbildung, um gemeinsam im Team oder in Absprache zwischen HR und Führungskraft festzulegen, an welcher Stelle im Recruitingprozess das Team wie stark eingebunden werden soll. Der Abgleich aus vorhandener Kompetenz und dem gewünschten Grad der Einbindung des Recruitingteams zeigt HR, an welchen Stellen und in welchem Ausmaß die Mitglieder des Recruitingteams qualifiziert werden sollten.

5.3   Gründung einer Community of Practice

Spätestens wenn sich mehrere Recruitingteams in einem Unternehmen entwickeln, ist es hilfreich, eine Community of Practice (CoP) ins Leben zu rufen. Eine solche Community bildet den nötigen Raum für gegenseitigen Austausch und das Voneinander-Lernen.

Das Enabeln der Recruitingteams liegt weiterhin in der Verantwortung von HR. Eine CoP bietet eine gemeinsame Plattform für alle Recruitingteams. Besonders wenn mehrere Recruitingteams im Unternehmen aktiv sind, kann im Rahmen einer CoP ein Erfahrungsaustausch auf Basis des zuvor Erlebten und Gelernten stattfinden. Verbindendes Element ist die Suche nach den für das Team und den Bereich richtigen Kollegen. In Abhängigkeit von der gesuchten Zielgruppe und dem Reifegrad eines Recruitingteams werden Vorgehensweise und Suche unterschiedlich gestaltet. Dabei hilft der Austausch über die unterschiedlichen Herausforderungen allen Beteiligten, ihr eigenes Vorgehen im Recruiting zu reflektieren und weiter zu verbessern.

> **!** **Was ist eine Community of Practice?**
>
> »Als Communities of Practice werden informelle Personengruppen innerhalb einer Organisation verstanden, die sich aufgrund ihrer Expertise und gemeinsamen Interessen zusammenschließen und über einen längeren Zeitraum Kenntnisse, Wissen sowie Erfahrungen austauschen. In Communities of Practice (kurz CoP) wird Wissen erzeugt, erworben und ausgetauscht.« (Schwuchow, Gutmann 2011)

Das Grundverständnis der CoPs besagt, dass die Teilnehmer weisungsunabhängig und intrinsisch motiviert sind, d. h. alle Mitglieder nehmen freiwillig teil. Das korrespondiert mit der Auffassung von CoPs, dass sie nicht dem Ziel dienen, eine einzelne Stelle schnellstmöglich zu besetzen und alle Kräfte des Unternehmens auf dieses eine Ziel ausrichten. Vielmehr sind zwei Fragen für CoPs und die Teilnehmer integral:
- Wie kann ich ein akutes Problem lösen?
- Wie kann ich meine Arbeit in Zukunft noch besser machen?

Akute Probleme und Herausforderungen genießen in einer CoP selbstverständlich Priorität. Geht es doch in akuten Fällen darum, ein Recruitingteam bei einem dringenden Problem zu unterstützen und gemeinsam eine Lösung zu suchen. In vielen Fällen bietet sich an dieser Stelle eine kollegiale Fallberatung an oder HR kann mit seinem Expertenwissen helfen, das Problem aus einem anderen Winkel zu betrachten und zu lösen.

So gilt es die Situation zu verstehen: Liegt ein akutes Problem vor? Oder handelt es sich um eine allgemeine Herausforderung, mit der alle Mitglieder der CoP konfrontiert sind?

- Eine Aussage wie »Wir erhalten auf unsere Stelle keine passenden Bewerbungen!« ist allgemein gehalten und stellt kein akutes Problem, sondern eine generelle Herausforderung für die gesamte CoP dar.
- Geht es hingegen darum, die Stelle des IT-Sicherheitsexperten innerhalb der nächsten 6 Wochen besetzen zu müssen, da ansonsten sicherheitsrelevante Vertragsvereinbarungen nicht eingehalten werden können, haben wir es mit einem akuten Problem zu tun.

Diese Unterscheidung ist wichtig, schließlich ist eine CoP keine Task Force – und sie soll unbeeinträchtigt der Funktion dienen, Kenntnisse, Wissen und Erfahrungen auszutauschen. Zugleich soll sie aber auch echte Hilfestellung bieten und dazu beitragen, Problemlösungen zu entwickeln. Andernfalls werden die Mitglieder keinen Mehrwert von der Veranstaltung haben und ihre Zeit zukünftig anderweitig investieren.

Handlungsempfehlungen ableiten, Innovationen entwickeln
Gibt es keine akuten Probleme, versuchen die Mitglieder aus ihren Erfahrungen Muster und Handlungsempfehlungen abzuleiten und beschäftigen sich mit Innovationen und Entwicklungsmöglichkeiten, halten kurze Vorträge oder laden externe Experten ein.

Damit das alles gelingt, ist ein Minimum an Struktur für das Format notwendig. In einer idealen Welt steuert sich die CoP komplett eigenständig, strukturiert ihre Themen selbst, betreibt Zeitmanagement und stellt eine Dokumentation der Themen und Lösungsansätze sicher. Bis dahin ist es ein weiter Weg. Vor allem zu Beginn, wenn eine CoP neu aufgebaut werden soll, braucht es große Anstrengungen, um die Neugierde aller Recruitingteams auf dieses Format zu wecken und hilfreiche Angebote zu schaffen.

Angenommen in einem Unternehmen sind seit gut sechs Monaten verschiedene Recruitingteams aktiv und nun wird die Anforderung formuliert, dass die Teams in einer CoP Erfahrungen austauschen sollen. Dieser Schritt erscheint etwas verfrüht zu kommen. Denn auch wenn die Teams in den vergangenen Monaten einige interessante Erfahrungen gesammelt haben sollten, erscheint es sinnvoller, wenn die noch relativ unerfahrenen Teams ihr Wissen zum Thema Recruiting ausbauen. Und zwar konkret und zu genau den Themen, mit denen sie gerade im Recruitingprozess beschäftigt sind.

Support durch HR
Besonders zu Beginn ist eine gewisse Vorleistung, z. B. durch HR, notwendig. Um das Interesse der Recruitingteams zu wecken, können als Einstieg in die Treffen kurze Vorträge gehalten oder Übungen zu den wichtigsten Aufgaben im Recruiting durchgeführt werden. Das können Übungen zu Fragetechniken, Interviewführung oder Hilfestellungen zur Anforderungsanalyse sein, die für fast alle Teilnehmer zu Beginn von Interesse sein dürften.

Es wird mehrere Treffen benötigen, bis genügend Vertrauen zwischen den Recruitingteams besteht und sie sich im Rahmen der CoP öffnen. Diese Zeit kann von HR aktiv dazu genutzt werden, wichtige Themen in Form von kurzen Vorträgen und Übungen innerhalb der CoP zu platzieren. Das macht die CoP schon zu Beginn für alle Teilnehmer zu einem wertvollen Format, und HR hat die Chance, mehrere Teams gleichzeitig zu enablen.

Offene Diskussionen zu virulenten Themen
Neben der reinen Wissensvermittlung gibt es auch Fragestellungen, die fast immer zu lebendigen Diskussionen führen. Dies sind u. a. die Themen Bauchgefühl im Recruiting, Diskriminierung und Diversität bei der Personalauswahl, Duzen oder Siezen in der Bewerberkommunikation u.v.m.

Die genannten Beispiele sind Anregungen, wie besonders beim Aufbau einer CoP für die Recruitingteams das Interesse der Mitglieder geweckt wird. Besonders in der Anfangsphase fällt es den Teams oft schwer, von ihren Erfahrungen und vor allem ihren Problemen zu berichten. Zum einen dürfte der Erfahrungsschatz noch recht dünn sein, zum anderen berichtet niemand gerne in der Gruppe über Themen, die einem nicht besonders gut gelungen sind.

Die größte Stärke einer CoP liegt aber darin, dass die Teilnehmer gemeinsam voneinander lernen. Nach einem guten Start sollten vor allem die Mitglieder der Recruitingteams in die Verantwortung genommen werden, von ihren Erfahrungen zu berichten. Beispielsweise kann ein erfahrenes Recruitingteam vom Onboarding eines neuen Kollegen berichten, den sie bereits im Auswahlprozess kennen gelernt haben und bei dem sie in die Einstellungsentscheidung eingebunden wurden. Ein Thema, das für alle Mitglieder von Interesse ist und sich als besonders spannend darstellt, wenn der neue Kollege einzelnen Teammitgliedern bereits aus dem Auswahlverfahren bekannt ist.

Auch für HR dürften diese Berichte von Interesse sein. Vermutlich gibt es bereits Standards im Onboarding. Diese zu vermitteln und dabei auch mitzuteilen, wie sie gelebt und wahrgenommen werden, hilft, sie weiter zu verbessern.

Das gemeinsame Lernen kann noch weiter gehen. Auf die Frage »Was ist zu tun, wenn das Recruitingteam eine Einstellungsentscheidung bedauert und sich von dem neuen Kollegen innerhalb der Probezeit trennen möchte?«, dürfte auch HR zunächst keine Antwort haben. Selbstverständlich verfügt HR über das nötige Wissen, um eine Probezeitkündigung auszusprechen. Wie verhält es sich aber mit dem Recruitingteam? Welche Möglichkeit soll das Team erhalten, um dem neuen Mitarbeiter entsprechendes Feedback zu geben und auch von ihm zu erhalten? Eine spannende Frage, zu der wir in verschiedenen Unternehmen zu ganz unterschiedlichen Lösungen gekommen sind.

Agenda für ein Treffen der Community of Practice
Um einen guten Aufbau für ein Treffen der CoP zu entwickeln, sollten wir nicht vergessen, dass es sich um einen freiwilligen Termin handelt und die Teilnehmer aus einer intrinsischen Motivation heraus der Einladung folgen sollen. Bei einem regelmäßigen Communitytreffen von beispielsweise 90 Minuten werden die Teilnehmer sehr bewusst abwägen, ob sie diese Zeit in das Thema Recruiting investieren.

Gute Erfahrungen haben wir damit gemacht, ein CoP-Treffen in zwei Blöcke zu gliedern.

Der erste Teil kann – mit einem Impulsvortrag oder einer Übung – dazu dienen, Kompetenzen zu einem bestimmten Thema zu vermitteln. Welche Themen für die Community interessant sind, lässt sich zu Beginn noch recht gut aus dem allgemeinen Vorgehen im Recruiting ableiten. Die nötigen Kompetenzen sollten vor allem von HR leicht vermittelt werden. Zudem können bei jedem Treffen die Mitglieder befragt werden, zu welchen Themen sie gerne mehr Input haben möchten. Diese Themen können dann Gegenstand eines der folgenden Treffen sein und auch von den Teilnehmern der CoP selbst vorgestellt werden.

Der zweite Teil eines CoP-Meetings kann dann einem offenen Format wie dem des Open Space folgen. Neben dem fachlichen Input schaffen wir im Open Space einen Raum, in dem alle Teilnehmer ihre aktuellen Themen einbringen oder auch ganz frei ihre gesammelten Erfahrungen im Recruiting mit anderen teilen können. Selbstverständlich bietet sich dieser Teil auch dazu an, den Austausch zum vorherigen Fach-impuls zu vertiefen.

Bei der Einladung der Teilnehmer zur CoP sollte jedes Mal darauf verwiesen werden, dass zwischen Fachimpuls und Open Space unterschieden wird. Den Teilnehmern steht es frei, am gesamten Meeting teilzunehmen oder nur den Teil zu besuchen, der aktuell für sie von Interesse ist. Solche offenen Einladungen dürften für viele Kolle-gen im Unternehmen noch recht neu sein. Daher sollte bei jeder Einladung darauf verwiesen werden, dass es willkommen ist, nur zum Fachvortrag oder dem Open Space-Format am Meeting teilzunehmen. Die Mitglieder der CoP erhalten auf diesem Weg die Möglichkeit ihre Zeit bestmöglich zu investieren und haben nicht das Gefühl, in endlosen Meetings gefangen zu sein.

Der Mehrwert einer CoP entwickelt sich im Laufe der Zeit durch den offenen Erfah-rungsaustausch und das gemeinsame voneinander lernen. Dies ist aber nur dann möglich, wenn die Mitglieder der CoP sich aus eigenem Antrieb einbringen und das Thema Recruiting gemeinsam im Unternehmen vorantreiben möchten. Verpflich-tende Termine und Anwesenheitspflicht sind daher genauso kontraproduktiv wie endlose Termine zu diktierten Themen.

Fazit

Die Community of Practice ist ein Format, in dem Wissen erworben und getauscht wird. Es basiert auf einer freiwilligen Teilnahme und der intrinsischen Motivation aller Beteiligten. Im agilen Recruiting ist die CoP ein Format um Recruitingteams zu enablen. Zu Beginn ist es die Aufgabe von HR, dieses Format zum Leben zu erwecken und mit fachlichen Inhalten zu füllen. Im Laufe der Zeit kann sich die CoP zu einem selbstorganisierten Format entwickeln, dass weiterhin von HR moderiert werden kann.

> **!** **Was ist Open Space?**
>
> Open Space ist eine Methode, um eine Konferenz oder ein Meeting zu strukturieren und durchzuführen. Im Gegensatz zu »klassischen« Konferenzen, haben die Teilnehmer einen direkten Einfluss auf Themen und Inhalte. Dazu erhalten die Teilnehmer die Möglichkeit eigene Themen und Erfahrungen einzubringen. Jeder Teilnehmer entscheidet frei, an wel-chem Thema er teilnehmen möchte und wo er sich ggf. an einer Diskussion aktiv beteiligen möchte. (T2 Informatik 2020)

Übersicht: Der Ablauf bei einem Open Space

- Themensammlung: Jeder Teilnehmer erhält die Möglichkeit, sein Thema, über das er gerne sprechen möchte, der Gruppe kurz zu präsentieren.
- Marktplatz: Die vorgeschlagenen Themen werden geordnet und in eine zeitliche Reihenfolge gebracht. Beispielsweise können in einem 60-minütigen Format zwei Zeitslots von 30 Minuten definiert werden. Wobei in jedem Zeitslot mehrere Themen parallel diskutiert werden können. Werden z. B. je Zeitslot drei Themen parallel diskutiert, werden auf dem Marktplatz insgesamt sechs Themen angeboten.
- Die Teilnehmer des Open Space entscheiden selbst, zu welchem Thema sie sich einbringen möchten und bilden gemeinsam mit dem Themengeber eine Gruppe. Wie sie die Gruppenarbeit gestalten, entscheidet die Gruppe gemeinsam.
- Findet ein vorgeschlagenes Thema keine oder nur sehr weniger Interessenten, steht es dem Themengeber frei, sein Thema fallen zu lassen und sich einer anderen Gruppe anzuschließen.
- Es gilt das Gesetz der »zwei Füße«. Es ist ausdrücklich erwünscht, dass die Teilnehmer zwischen den verschiedenen Themengruppen wechseln. Vor allem dann, wenn sie aus der Diskussion nichts für sich mitnehmen oder nichts mehr mit der Gruppe teilen können.
- Ergebnissammlung: Idealerweise werden in den einzelnen Themengruppen Inhalte, Fragen und Erkenntnisse dokumentiert, die zum Ende der Veranstaltung im Plenum zusammengetragen und kurz zusammengefasst werden.

Das Wichtigste aus Kapitel 5   !

- Recruiting kann nicht allein in der Verantwortung von HR liegen. Auch die Fachbereiche sind in der Verantwortung einen attraktiven Arbeitsplatz zu bieten.
- HR ist der Prozessexperte für das Recruiting. Ablauf und Methoden werden stets weiterentwickelt.
- Als Experte sorgt HR dafür, dass Recruitingteams und Fachbereiche befähigt werden, Recruitingprozesse eigenständig zu gestalten.
- Einbindung und Befähigung des Recruitingteams erfolgt in Abhängigkeit des agilen Reifegrades einer Organisation und der Anzahl der zu besetzenden Stellen.
- Eine Community of Practice ermöglicht voneinander zu lernen und hilft HR und den Recruitingteams, sich fortlaufend zu verbessern.

Teil 2: Agiles Recruiting – wie Sie konkret vorgehen

Der zweite Teil des Buches folgt Schritt für Schritt dem agilen Recruitingprozess, von der Anforderungsanalyse und der Stellenanzeige über die Vorauswahl bis zum Vorstellungsgespräch und dem Onboarding.

Wir stellen Ihnen für jeden der fünf Prozessschritte die besten Methoden und Modelle zur konkreten und effektiven Umsetzung vor. Zudem geben wir Ihnen konkrete Tipps, wie Sie agiles Recruiting in Ihrem Unternehmen erfolgreich einführen.

Zum Start stellen wir zwei praxiserprobte Tools vor: Die beiden agilen Instrumente PDCA-Zyklus und Retrospektive werden im gesamten Recruitingprozesses äußerst hilfreich sein.

6 Handwerkszeug für einen guten Start

Im zweiten Teil dieses Buches gibt es Anleitungen und Hilfen, um die einzelnen Schritte im Recruitingprozess agiler zu gestalten. Damit dies bestmöglich gelingt, betrachten wir zunächst das nötige Handwerkzeug, das wir im gesamten Recruitingprozess einsetzen können.

6.1 Der PDCA-Zyklus – ein wichtiges Tool

Die Buchstaben PDCA stehen für Plan, Do, Check, Act und beschreiben ein Modell zur Umsetzung von Veränderungen und zur kontinuierlichen Verbesserung. Zwei Dinge, mit denen wir uns auch im agilen Recruiting auseinandersetzen müssen.

Zum einen ist die Einführung von agileren Recruitingprozessen ein Veränderungsprozess im Sinne eines Changemanagements. Bestehende Abläufe und Strukturen wie das herkömmliche Interviewsetting oder die Haltung und der Blick auf die Kandidaten ändern sich. Der PDCA-Zyklus ist an dieser Stelle ein hilfreiches Tool, um die Entwicklung und den Fortschritt der angestrebten Veränderungen zu messen und auch um ggf. korrigierend einzugreifen, wenn einmal nicht alles nach Plan verläuft.

Zum anderen kann der PDCA-Zyklus zum Einsatz kommen, wenn es darum geht, den Erfolg und die Wirksamkeit der unterschiedlichen Maßnahmen entlang des Recruitingprozesses zu messen. Vor allem durch einen regelmäßigen Check der vorangegangenen Recruitingbemühungen ist ein schnelles Lernen möglich. Zudem kann auf die Weise das Verständnis entwickelt werden, welche Maßnahmen besonders erfolgreich sind und bei welchem Vorgehen der geplante Erfolg ausbleibt.

Erstrebenswert sind viele kleine Zyklen, die direkt nacheinander ablaufen. Auf diesem Weg ist es möglich, iterativ, also in kleinen Schritten, zu testen, welche Vorgehensweise bei der Besetzung einer bestimmten Position erfolgreich ist.

»Aus Fehlern lernen!« ist ein oft gehörter Rat. Auch wenn es zunächst ein wenig demotivierend klingt, ist das Lernen aus Fehlern genau das richtige Vorgehen für komplexe Vorhaben in unsicheren und sich schnell wandelnden Zeiten. Es gibt viel mehr Möglichkeiten eine Sache falsch zu machen, als richtig. Welche aber die beste Maßnahme ist, um eine Sache richtig zu machen, verstehen wir zumeist erst im Nachhinein. Genau hier kommt der PDCA-Zyklus ins Spiel. Durch sein iteratives Vorgehen mit vielen kleinen Lernschleifen gelingt es, erfolgreiche Maßnahmen zu erkennen und fehlerhaftes Verhalten schnell zu korrigieren. Zusätzlich können wir aus jedem Fehler lernen was und idealerweise auch, wieso etwas gerade nicht funktioniert. (Rahn 2018)

Der Ablauf des PDCA-Zyklus folgt stets dem gleichen Schema. Was hinter den einzelnen Phasen steckt und worauf zu achten ist, stellen wir im Folgenden vor. (Kanbanize 2020) Für ein besseres Verständnis begleitet uns das Beispiel eines Recruitingteams, das mithilfe einer überarbeiteten Stellenanzeige mehr passende Bewerbungen erhalten möchte.

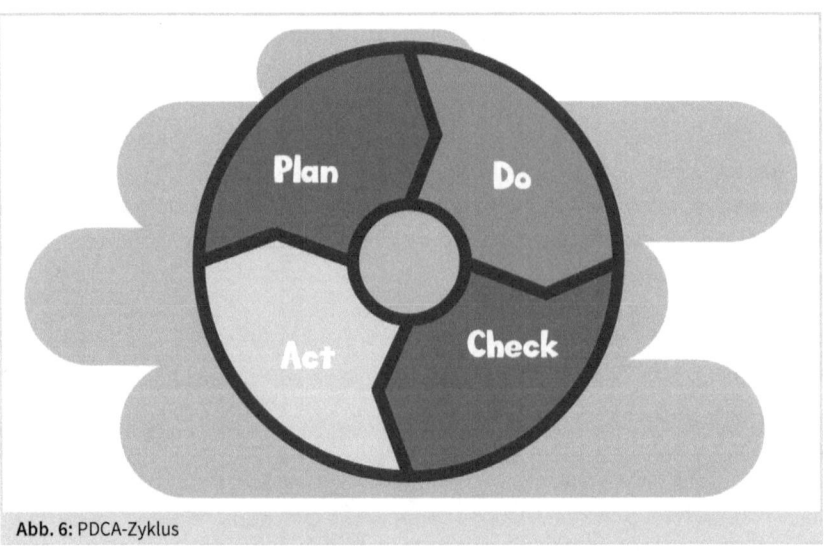

Abb. 6: PDCA-Zyklus

Phase 1: Plan. In der ersten Phase planen wir, was zu tun ist. Geplant wird allerdings nur der nächste konkrete Schritt. Es wird kein Plan für den gesamten Recruitingprozess von Anforderungsprofil bis Onboarding erstellt. In unserem Beispiel besteht der nächste Schritt darin, einen Plan zur Überarbeitung der Stellenanzeige zu erstellen, um das Ziel »Mehr passende Bewerber erhalten« zu erreichen.

Kleine Schritte und die Fokussierung auf Teilziele machen auch große und komplexe Vorhaben greifbar. Sie helfen, einen detaillierten Plan mit einer geringeren Fehleranfälligkeit zu erarbeiten.

Für die Planphase ist es hilfreich, Antworten auf die folgenden Fragen zu finden:
- Welches Kernproblem werden wir lösen?
- Welche Ressourcen brauchen wir?
- Welche Ressourcen haben wir?
- Welche Lösung eignet sich am besten, um das Problem mit den verfügbaren Ressourcen zu beheben?
- Wie trägt unser Plan dazu bei, das große Ziel zu erreichen?

Phase 2: Do. Nachdem ein konkreter Plan erarbeitet wurde, ist es an der Zeit, ihn umzusetzen. In der zweiten Phase setzen wir alles daran, dass unser Plan aufgeht.

Für unser Beispiel heißt das: Zur Überarbeitung der Stellenanzeigen wurde ein Abgleich der Anzeige mit dem zuvor erstellen Anforderungsprofil geplant. Nun wird Feedback von Kollegen aus dem Unternehmen zur Anzeige eingeholt. Dazu werden zuvor ausgewählte Kollegen befragt, die im Unternehmen eine Stelle mit gleicher Funktion wie die der offenen Stelle innehaben.

Bekannterweise hat ein Plan nur so lange Bestand, bis er mit der Realität in Kontakt kommt. In der Umsetzung erfährt das Recruitingteam, dass die zu befragenden Kollegen im Urlaub sind. Eine Anpassung der Stellenanzeige kann nur noch auf Basis des Anforderungsprofils erfolgen.

Fraglich ist, ob dieser Schritt zur Verbesserung den nötigen Erfolg bringen wird. Aufgrund der Planung in kleinen Teilschritten, ist es möglich, an dieser Stelle rasch einzugreifen und andere Kollegen für die Befragung auszuwählen. Zudem steht eine Entscheidung an, ob der Teilschritt zur Verbesserung der Stellenanzeige bis zur Rückkehr der Kollegen ruht oder ob auf die Befragung ganz verzichtet wird.

Streng betrachtet führen wir in dieser Phase einen kleinen eigenen PDCA-Zyklus durch, indem wir unser Handeln bei der Umsetzung kontrollieren und anpassen. Tatsächlich verbirgt sich hinter der Checkphase aber noch einiges mehr.

Phase 3: Check. Phase 3, in der das eigene Handeln überprüft wird, ist wahrscheinlich die wichtigste Phase. Ziel des PDCA-Zyklus ist es, eine kontinuierliche Verbesserung zu erreichen und wiederkehrende Fehler in einem Prozess zu erkennen und zu vermeiden. Entsprechend prüfen wir in der Checkphase, ob unser Plan aufging und ob wir unser Ziel erreicht haben.

Zurück zu unserem Beispiel: Nachdem die Annonce überarbeitet und die Stelle ausgeschrieben wurde, können wir nun prüfen, ob sich die Anzahl der eingehenden Bewerbungen verändert hat. Sind mehr Bewerbungen eingegangen? Stieg die Anzahl der passenden Bewerbungen?

Neben den Ergebnissen ist auch die Ursache für eine steigende oder sinkende Anzahl an Bewerbungen von Interesse. Was hat dazu geführt, dass sich die Anzahl verändert hat und welche unserer Maßnahmen führte zu einer Verbesserung? Was wollen wir zukünftig anders machen und was möchten wir beibehalten?

Bei den vielen Fragen wird schnell deutlich, wieso die Checkphase so wertvoll ist und keinesfalls vernachlässigt werden darf. Agile Teams nutzen an dieser Stelle häufig das Format der Retrospektive. Sie wurde speziell für das Analysieren von Fehlern und Problemen und zur Verbesserung der Zusammenarbeit im Team entwickelt. Im folgenden Abschnitt stellen wir diese Methode genauer vor und empfehlen sie für den Einsatz in der Checkphase.

Phase 4: Act. In der letzten Phase des PDCA-Zyklus reagieren wir auf die Ergebnisse der Checkphase. Im Idealfall konnte unser Plan erfolgreich umgesetzt werden und die gewünschten Ziele wurden erreicht. In diesem Fall bietet es sich an, den Plan zu übernehmen und auch zukünftig wieder anzuwenden. Oftmals kann er auch als Grundlage in Form einer Good Practice für ähnliche Projekte übernommen werden.

Kommen wir zurück zu unserem Beispiel: Das Ziel wurde nicht erreicht, die Anzahl der Bewerbungen ist zwar angestiegen, aber sie passen fast alle nicht zum Stellenprofil. In einer Retrospektive führte das Recruitingteam dieses Ergebnis darauf zurück, dass auf die Befragung der Mitarbeiter mit ähnlichen Jobprofilen verzichtet wurde. Das sei der Hauptgrund, so das Fazit, warum die neu erstellte Stellenanzeige missinterpretiert wird und die Zielgruppe nicht anspricht.

Als Maßnahme wurde vereinbart, dass zukünftig nicht auf die Befragung der Mitarbeiter verzichtet werden darf. Zusätzlich möchte das Team ein Experiment starten und auch potenzielle Bewerber um Feedback zu neu erstellten Annoncen bitten. Für die Zusammenarbeit im Team wurde festgehalten, dass am PDCA-Zyklus und der Retrospektive festgehalten werden soll, um die Zusammenarbeit im neu gegründeten Recruiting weiter zu verbessern.

Im Anschluss an die Actphase startet ein neuer Zyklus und wir gehen auf diesem Weg nahtlos in die Planung eines neuen Teilziels über bzw. versuchen mit einem neuen Plan, das zuvor gesteckte Ziel besser zu erreichen. Der Loop des PDCA-Zyklus wird so oft durchlaufen, bis alles Hindernisse aus dem Weg geräumt wurden und das (Teil-) Projektziel erreicht wurde. Ob dabei mehrere Durchläufe für ein gesetztes Teilziel benötigt werden oder nicht, ist zunächst zweitrangig. Viel wichtiger ist, in jedem Zyklus etwas zu lernen und sich kontinuierlich zu verbessern.

6.2 Die Retrospektive – ein Stück besser werden

Eine Retrospektive oder kurz Retro, ist ein Meetingformat, das häufig von agilen Teams genutzt wird. Es folgt dem Grundsatz Inspect and Adapt, wodurch es zu einem idealen Format für die Checkphase im PDCA-Zyklus wird. Wie auch in der Checkphase werden in einer Retro die erzielten Arbeitsergebnisse inspiziert (ITagile 2020).

Der erste Schritt lautet Inspect: Gemeinsam untersucht das Team, was gut lief und wieso es gut lief. Ein Team sichert dadurch seine Erkenntnisse und verbessert zugleich die Zusammenarbeit. Das gleiche Vorgehen wird für Dinge, die nicht so optimal gelaufen sind, eingesetzt: Gemeinsam wird untersucht, wieso das geplante Ergebnis nicht eingetroffen ist und welche möglichen Ursachen zu benennen sind.

Im zweiten Schritt folgt Adapt: Aus den Erkenntnissen einer Retro werden Maßnahmen abgeleitet, um die Zusammenarbeit im Team weiter zu verbessern und um mit auftretenden Hindernissen und Schwierigkeiten besser umgehen zu können.

Im ersten Augenblick klingen Vorgehen und Ziel einer Retrospektive recht vertraut, verbunden mit dem Gedanken »das machen wir doch eh schon«. Sicherlich werden in vielen Unternehmen Ergebnisse gesichert und Gründe gefunden, warum nicht alles so eingetroffen ist wie geplant. Die genannten Gründe sind jedoch oftmals vorgeschoben und werden als Entschuldigung angeführt. Sie dienen häufig als Rechtfertigung, wenn ein Ziel nicht erreicht wurde.

Das entspricht allerdings nicht Haltung und Ziel einer Retrospektive. Zum einen ist allen Akteuren bekannt, dass sich ihre Umwelt in einem steten Wandel befindet. Was gestern noch funktioniert hat, kann bereits morgen obsolet sein. Daher nähern wir uns unserem Ziel in vielen kleinen Schritten und testen, ob wir noch auf dem richtigen Weg sind. Es besteht also nicht der Anspruch, über einen Masterplan zu verfügen, der durch ein gesamtes Vorhaben trägt. Die vielen kleinen Schritte führen zu einem regelmäßigen Check, ob das Team mit seinem Vorhaben noch auf Kurs ist. Jeder Check ist mit einer Retrospektive verbunden.

Zum anderen lehrt die Erfahrung, dass kein Vorhaben in der Realität so umgesetzt werden kann, wie es zuvor geplant wurde – frei nach Graf von Moltke »Kein Plan überlebt den ersten Feindkontakt.« Daher wird in einer Retrospektive gezielt nach den Ursachen gesucht, die zuvor nicht bedacht wurden oder die sich im Vergleich zu einem vorherigen Projekt verändert haben. Es wird nicht nach Schuldigen gesucht und es erfolgt auch kein Fingerzeig auf Kollegen, denen ein Fehler angelastet werden könnte. Vielmehr sind wir auf der Suche nach Lösungen und neuen Möglichkeiten, mit denen wir unser Ziel erreichen können.

Stück für Stück können wir Abhängigkeiten und Zusammenhänge für unser Vorhaben besser verstehen und gezielt auf sie eingehen. In einer Retrospektive wird folglich nicht nach einem Schuldigen gesucht, sondern nach Lösungen und Maßnahmen, um im nächsten Schritt ein Stück besser zu werden und das eigene Projekt zu einem erfolgreichen Abschluss zu führen.

Im Idealfall folgt eine Retrospektive nach jeder Iteration, also in jeder Checkphase des PDCA-Zyklus. Jedes Mal, wenn ein Plan durchgeführt wurde, werden im Anschluss die Arbeitsergebnisse betrachtet und hinsichtlich der Erreichung des gesteckten Ziels bewertet. Was zunächst nach endlosen Meetings klingen mag, ist die Grundlage für eine kontinuierliche Verbesserung und vor allem auch Anpassung an die aktuellen Herausforderungen im Recruiting.

Je nach Dauer der Iteration ist der Zeitbedarf für eine Retrospektive sehr unterschiedlich. Vielen wird der Begriff Scrum bekannt sein. Scrum ist das wohl am weitesten verbreitete Framework, wenn es um agiles Arbeiten geht. Es empfiehlt nach einem vierwöchigen Sprint für eine Retrospektive drei Stunden anzusetzen. Bei einer zweiwöchige Projektlaufzeit wäre eine Retrospektive von 90 Minuten angebracht, bei einwöchiger Laufzeit 45 Minuten.

Die Zeitvorgaben für eine Retrospektive sollen hier als Orientierungshilfe für das eigene Vorhaben und das eigene Recruitingteam dienen.

Sie können kürzer oder länger sein und sind sicherlich auch abhängig vom jeweiligen Prozessschritt im Recruiting, den bestehenden Unsicherheiten auf dem Arbeitsmarkt und der Erfahrung des Recruitingteams. Dies ist aber nicht als Legitimation zu verstehen, auf Retrospektiven zu verzichten und die Chance auf eine kontinuierliche Verbesserung auszuschlagen.

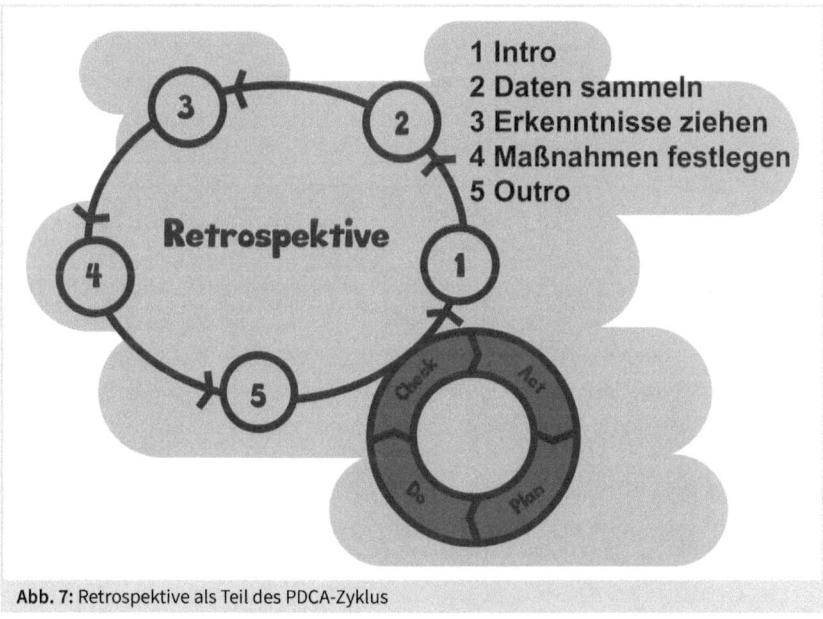

Abb. 7: Retrospektive als Teil des PDCA-Zyklus

Tipps für die Durchführung einer Retrospektive
Das Format der Retrospektive wurde dafür entwickelt, Teams die Möglichkeit zu geben, sich kontinuierlich zu verbessern und ihre Arbeit auf aktuelle Herausforderungen anzupassen. Und es ging darum, ein Format zu haben, in dem unangenehme

Themen angesprochen werden dürfen: Dinge, die die Zusammenarbeit behindern, oder Dinge, die nicht gut gelaufen sind. Ziel einer Retro ist die kontinuierliche Verbesserung.

Damit das gelingt, folgen die besten Tipps aus der Praxis, die dabei helfen, Retrospektiven zu einem konstruktiven und wertschätzenden Ort zu machen:

- Eine Retrospektive sollte auf jeden Fall moderiert werden. Am besten von einer neutralen Person. Agile Teams nutzen dazu ihren Scrum Master. Es geht aber auch ohne diese Rolle und ohne diese Qualifikation. Hilfreich ist es, wenn Erfahrungen in der Moderation von Meetings vorliegen.
- Es gilt nicht nur Ursachen und Gründe zu finden, wieso etwas nicht funktioniert. Vielmehr sollen immer konkrete Maßnahmen entwickelt werden, wie mit Hindernissen umzugehen ist. Schließlich sollen Probleme nicht nur analysiert, sondern auch gelöst werden.
- Keine Themenspeicher führen. Im Rahmen einer Retrospektive können viele Hindernisse zum Vorschein kommen. Es wird priorisiert, welches die wichtigsten Probleme und Hindernisse sind, die mit konkreten Maßnahmen versehen werden. Alle weiteren Hindernisse werden nicht angegangen. Es sei denn, sie kommen bei der der nächsten Retrospektive wieder zur Ansprache. Ein Themenspeicher führt ansonsten dazu, sich auf Themen zu fokussieren, die vielleicht inzwischen nicht mehr relevant sind.
- Getroffene Maßnahmen und Vereinbarungen regelmäßig reflektieren und prüfen. Dies gilt für gewonnene Erkenntnisse im Projekt, z. B. über das Erreichen der Zielgruppe im Recruiting, aber auch für Absprachen über die Zusammenarbeit im Team. Beides lebt und kann sich über die Zeit verändern. Daher ist nichts in Stein gemeißelt und kann jederzeit angepasst werden.

!   Das Wichtigste aus Kapitel 6

- Der PDCA-Zyklus ist eine Methode zur Umsetzung von Veränderungen und zur kontinuierlichen Verbesserung.
- Dieser Zyklus erlaubt es, Vorhaben in kleinen Schritten zu realisieren und eine fortlaufende Erfolgskontrolle einzurichten.
- Die Retrospektive ist ein eigenes Format, mit dem Ziel die Zusammenarbeit im Team zu verbessern und die Qualität des Produkts zu erhöhen.
- Eine Retrospektive eignet sich als Format für die Checkphase des PDCA-Zyklus.

7 Die Anforderungsanalyse

Für die Erstellung eines Anforderungsprofils gibt es eine Vielzahl von Methoden, Vorgehensweisen und Modelle. Mit dem Blick durch die agile Brille werden wir Ihnen 3 Methoden und 2 Modelle vorstellen sowie Tipps zur Anwendung und zum Einsatz geben. Das Ziel ist, die Anforderungen sowie die gesuchten Kompetenzen selbst genauer erkunden und besser bewerten zu können.

Wir beginnen mit Methoden, die eher dem herkömmlichen Setting des Recruiting entsprechen, steigern schrittweise die Einbindung des Teams und erweitern zusätzlich den Blick auf die tatsächlichen Anforderungen einer Stelle. Eine Kombination der Methoden und Modelle ist möglich. Wichtig ist, dass ein Vorgehen ausgewählt wird, das dem agilen Reifegrad der Organisation entspricht. Haben wir es beispielsweise mit einem stark hierarchisch geprägten Unternehmensbereich zu tun, ist die später beschriebene Methode »Kompetenzpoker« vielleicht nicht der richtige Einstieg in ein agiles Recruiting. Die Methode Befragung von Experten aus dem Team als Ergänzung zum intuitiven Vorgehen der Führungskraft wäre hier die bessere Option.

Es geht also nicht darum, immer die agilste Methode mit dem größten Grad der Selbstorganisation auszuwählen, sondern das Team und die Führungskraft dort abzuholen, wo sie gerade stehen. Wie das geht und wie mögliche Startpunkte aussehen können, betrachten wir jetzt.

7.1 Die intuitive Methode – frei aus dem Bauch heraus

Die wohl am häufigsten genutzte Methode in der Anforderungsanalyse ist die intuitive Methode. Wie der Name schon vermuten lässt, ist diese Methode intuitiv anwendbar, das heißt, es sind keine Methodenkenntnisse notwendig. Ein typische Situation, in der diese formfreie Methode zum Einsatz kommt, ist, wenn eine Führungskraft die Anforderungen ihrer zu besetzenden Stelle auflistet. Die Anforderungen werden zumeist intuitiv, also aus dem Bauch heraus und auf Basis der Erfahrungen der Führungskraft, auf Papier gebracht. Eine kritische und analytische Auseinandersetzung mit den aufgelisteten Anforderungen erfolgt selten. Dies liegt mitunter auch daran, dass zu diesem frühen Zeitpunkt der Personalsuche die Vorstellungsgespräche noch in weiter Ferne liegen. Der Zusammenhang von Anforderungsanalyse, professionellem Interview und darauffolgender Einstellungsentscheidung wird noch nicht erkannt.

Das intuitive Vorgehen scheint pragmatisch und zweckmäßig. Die Ergebnisse besitzen für alle Beteiligten eine recht hohe Plausibilität, da sie sich letztendlich aus Alltagsbetrachtungen ableiten. Der Nachteil liegt in der mangelnden Systematik. Durch das intuitive Auflisten von Stellenanforderungen durch die Führungskraft im Alleingang können nur die Anforderungen erfasst werden, die sich im Bewusstsein der Führungskraft befinden. Veränderungen, Trends und Innovationen im Berufsumfeld der zu besetzenden Stelle nehmen nur dann Einfluss auf das Anforderungsprofil, wenn sie der Führungskraft bekannt sind und von ihr auch als relevant für die zukünftige Entwicklung des eigenen Fachbereichs eingeschätzt werden.

Eine erste Aufgabe zur Verbesserung der Qualität in der Personalsuche kann darin bestehen, dass HR die Führungskraft daran erinnert, dass eine Anforderungsanalyse nicht allein zur Erstellung der Stellenanzeige betrieben wird. Es geht darum zu vermitteln, dass Eignungsmerkmale und deren notwendigen Ausprägungen zu definieren sind, um im Auswahlprozess zu fundierten Entscheidungen für die richtigen Kandidaten für Unternehmen und Stelle zu kommen. Ein weitere Möglichkeit, die Qualität der Anforderungsanalyse zu verbessern, liegt darin, dass neben der Führungskraft weitere Personen mittels der intuitiven Methode ein Anforderungsprofil für die zu besetzende Stelle erstellen. So besteht die Einschätzung von Anforderungen und nötigen Fähigkeiten nicht allein aus der Intuition einer einzelnen Führungskraft. Es kann unterstellt werden, dass auf diesem Wege Veränderungen in den Anforderungen und der Ausrichtung des Aufgabenumfelds besser berücksichtigt werden.

Sicherlich ist die intuitive Methode nicht die beste Wahl unter den Methoden der Anforderungsanalyse. Ein systematischeres und strukturierteres Vorgehen, wie in den nachfolgenden Methoden beschrieben, ist wünschenswert. Auf der anderen Seite gilt es, mit den vorhandenen Gegebenheiten zu arbeiten und in diesem Fall die Führungskräfte dort abzuholen, wo sie gerade stehen. Agile Methoden sind ja ebenfalls durch ein schrittweises Vorgehen gekennzeichnet. Dies kann auch bedeuten, dass der erste Schritt darin besteht, eine zusätzliche intuitive Einschätzung einer weiteren Führungskraft einzuholen.

7.2   Das Experteninterview – eine zweite Meinung einholen

Es ist naheliegend, dass eine Führungskraft ein Anforderungsprofil auf Basis von Alltagsbeobachtungen und Plausibilitätserklärungen erstellt. Für eine vertiefte Auseinandersetzung mit den Eignungsmerkmalen Qualifikation, Kompetenz und Potenzial braucht es einen erfahrenen Interviewer, der die durch die Führungskraft aufgelisteten Anforderungen systematisch hinterfragt und analysiert. Ein solches Experteninterview kann beispielsweise HR mit der Führungskraft führen. Da in einem solchen Interview zunächst vor allem fachliche Qualifikationsmerkmale genannt werden, ist es Aufgabe des Interviewers, die Qualifikationen genau zu erfragen und zu analysieren. Bei einer näheren Betrachtung erscheinen nicht alle genannten Qualifikationsmerkmale als erfolgskritisch. Sie wurden von der Führungskraft – dem Experten – intuitiv genannt, da diese Qualifikationen zur Stelle »einfach dazugehören« und »weil das schon immer so war«. Auch in einem Experteninterview ist häufig zu beobachten, dass fachliche Qualifikationsmerkmale genannt werden, hinter denen sich die eigentlich vor allem für die Stelle wichtigen Kompetenzen verbergen.

Durch das systematische Erfragen und Analysieren der Anforderungen steigt nicht nur die Qualität des Anforderungsprofils. Es ergeben sich auch neue Handlungsmöglichkeiten für die später folgende Suche und Auswahl geeigneter Bewerber. Das Aufbrechen und Überführen von fachlichen Qualifikationsmerkmalen in Kompetenzen und Potenziale, erlaubt eine breitere Suche auf dem Arbeitsmarkt und zugleich einen differenzierteren Blick auf jeden einzelnen Kandidaten im Auswahlverfahren.

Die Rolle des Interviewers besteht vor allem aus aktivem Zuhören und dem Stellen vertiefender Fragen. Dazu eigenen sich offene Fragen, die den interviewten Experten dazu einladen, seinen Blick auf die Anforderungen weiter zu öffnen und über alternative Lösungen nachzudenken. Dabei können die folgenden Fragen hilfreich sein:

- Welche Qualifikation verbirgt sich hinter dieser Anforderung? Was genau meinen Sie damit?
- Was genau muss die Person denn können, um diese Aufgabe zu erfüllen? Wie lernt man das?
- Wie könnte diese Anforderung alternativ erfüllt werden? Was ist an dieser Alternative besser/schlechter?
- Welche Möglichkeiten hätten wir im Unternehmen, diese Skills zu schulen und intern zu vermitteln?

- Was sind die Kompetenzen und Fähigkeiten, die sie an einem Mitarbeiter am meisten schätzen?
- Welche Kriterien gibt es, die der Kandidat zwingend mitbringen muss, um seine Aufgabe zu erfüllen. Gibt es hierzu eine (rechtliche) Vorschrift?

Es ist ratsam, dass HR außer der einen Führungskraft noch weitere Experten interviewt. Sicherlich hat die Einschätzung der Anforderungen durch die Führungskraft ein hohes Gewicht, dennoch sollten weitere Interviews geführt werden, um eine kritische Auseinandersetzung mit den Eignungsmerkmalen zu ermöglichen. Zusätzlich zur Führungskraft können weitere Fachexperten im Unternehmen befragt werden, unabhängig davon, ob sie ebenfalls über Führungsverantwortung verfügen oder nicht. Auf diesem Weg erfolgt eine differenzierte Auseinandersetzung mit den Eignungsmerkmalen und den aktuellen und zukünftigen Veränderungen der zu besetzenden Stelle, mit der Entwicklung des Unternehmens und seiner Märkte.

Es ist ebenfalls ratsam, die zukünftigen Teammitglieder zu befragen. Gerade das Team kann konkrete Anforderungen aus dem operativen Alltag schildern, aus denen sich besonders wichtige Kompetenzen erschließen lassen. Vor allem wenn es um das operative Tagesgeschäft geht, liefert ein Interview mit den Teammitgliedern oft wertvolle Erkenntnisse, die im Gespräch mit einer Führungskraft vermutlich nicht genannt werden. Das mag daran liegen, dass die Aufgaben einer Führungskraft hauptsächlich im Bereich der Teamführung und der Strategie liegen und weniger bei den konkreten Herausforderungen des operativen Tagesgeschäfts. Auch im Rahmen einer agilen Transformation und der damit verbundenen Steigerung von Eigenverantwortung und Selbstorganisationsfähigkeit im Team ist es eine gute Entscheidung, das zukünftige Team in die Anforderungsanalyse einzubeziehen.

Für ein unverfälschtes Bild der Eignungsmerkmale ist es ratsam, die verschiedenen Experten einzeln zu interviewen. So wird die Gefahr vermieden, dass sich die verschiedenen Mitarbeiter in einem Gruppeninterview vorschnell einer einzelnen Meinung anschließen. Dieser scheinbar gemeinschaftliche Konsens unterbindet die nötige differenzierte Auseinandersetzung und Identifikation der erfolgskritischen Eignungsmerkmale. Im ungünstigsten Fall wird vorschnell ein Anforderungsprofil beschlossen, das nicht von allen Beteiligten getragen wird, und es muss mit Widerständen während des Auswahlprozesses oder in der späteren Zusammenarbeit mit dem neuen Kollegen gerechnet werden.

Durch das systematische Erfragen und Analysieren der Anforderungen steigt nicht nur die Qualität des Anforderungsprofils. Es ergeben sich auch neue Handlungsmöglichkeiten für die später folgende Suche und Auswahl geeigneter Bewerber. Das Aufbrechen und Überführen von fachlichen Qualifikationsmerkmalen in Kompetenzen und Potenziale erlaubt eine breitere Suche auf dem Arbeitsmarkt und zugleich einen differenzierteren Blick auf jeden einzelnen Kandidaten im Auswahlverfahren.

Das Experteninterview folgt in seiner Verbreitung sicherlich auf die intuitive Methode. Die Qualität des erstellten Anforderungsprofils steht und fällt jedoch mit der Fragekompetenz des Interviewers. Daher ist es ratsam, dass der Interviewer die Unterschiede und Zusammenhänge von Eignungsmerkmalen der DIN 33430 kennt und sich aktiv mit aktuellen Entwicklungen auf dem Arbeitsmarkt und den Herausforderungen des eigenen Unternehmens auseinandersetzt. Dieses Wissen verbunden mit einer offenen und neugierigen Haltung verhilft dazu, gemeinsam mit den interviewten Experten ein gutes Anforderungsprofil zu erstellen. Die Aufgabe des Interviewers kann ein wenig erleichtert werden, wenn Interviewer und befragte Experten im Vorfeld die später in diesem Kapitel vorgestellten Modelle zur Anforderungsanalyse betrachten.

Die Qualität des Anforderungsprofils kann nochmals steigen, wenn mehrere Experten nacheinander befragt werden. Nacheinander, um eine gegenseitige Beeinflussung zu vermeiden. Im Anschluss der Interviews werden die verschiedenen Ergebnisse betrachtet und mit der suchenden Führungskraft, oder in einem gemeinsamen Meeting mit allen Experten, zu einem Anforderungsprofil zusammengeführt.

7.3   Kompetenzpoker – ein spielerischer Ansatz

Eine eher spielerische Methode ist der Kompetenzpoker. In dieser Variante der Anforderungsanalyse stehen die Kompetenzen im Mittelpunkt. Im Unterschied zum Experteninterview werden beim Kompetenzpoker die Kompetenzen und deren Bedeutung für die zu besetzende Stelle *direkt* bewertet. Es ist nicht notwendig, Qualifikationsmerkmale durch geschicktes Fragen in Kompetenzen zu überführen. Vielmehr kommen die Spieler in einen direkten Austausch zu den verschiedenen Kompetenzen und nähern sich mit jeder Spielrunde dem gesuchten Anforderungsprofil.

Kompetenzpoker besteht aus einem Kartendeck aus Kompetenzen. Auf jeder Karte ist eine Kompetenz und ggf. eine kurze Definition aufgedruckt. Im Spielverlauf geht es darum, jede einzelne Kompetenz mit einem Punktwert zu bewerten. Dazu sind für jeden Mitspieler weitere Spielkarten notwendig, die jeweils die Zahlenreihe 1 bis 10 beinhalten.

Vordefinierte Kompetenzkarten sind im Internet mit ein wenig Suchen leicht zu finden. Gleiches gilt für Karten mit den Zahlen von 1 bis 10. Zudem sind fertige, aufeinander abgestimmte Lösungen wie »Perfect Recruiting« (www.jo-agileHR.de/perfect-recruiting) auf dem Markt erhältlich.

Arbeitshilfen online

Die Methode kann einfach und unkompliziert ausprobiert werden mittels Vorlagen, die bei den Arbeitshilfen online zur Verfügung stehen.

Der Spielablauf: Zu Beginn erhält jeder Spieler ein Kartendeck mit den Ziffern 1 bis 10, das Kartendeck mit den Kompetenzen wird bereitgestellt und es werden Zettel und Stift benötigt, um die erspielten Punktsummen zu notieren.

Die erste Kompetenzkarte wird aufgedeckt und in die Mitte des Tisches gelegt. Die Kompetenz und die zugehörige Definition wird laut vorgelesen. Anschließend bewerten alle Spieler diese Kompetenz, indem sie eine ihrer Zahlenkarten verdeckt, also mit dem Zahlenwert nach unten, auf den Tisch legen. Eine niedrige Punktzahl bedeutet, diese Kompetenz ist für die zu besetzende Stelle eher unwichtig. Eine hohe Punktzahl bedeutet, dass die Kompetenz besonders wichtig ist, um auf der zu besetzenden Position erfolgreich sein zu können. Nachdem alle Spieler ihre Bewertung verdeckt abgelegt haben, werden die Karten aufgedeckt, die Punktsummen addiert und notiert. Die abgelegten Zahlenkarten werden von den Spielern wieder aufgenommen. Auf diese Weise werden alle Kompetenzkarten durchgespielt.

Es kann vorkommen, dass Kompetenzen durch die Mitspieler sehr unterschiedlich bewertet werden. Dies ist nicht ungewöhnlich und ergibt sich aus einem unterschiedlichen Verständnis zu den Anforderungen der Stelle und den Kompetenzen. Achtung: Bei einer Abweichung von mehr als 4 Punkten zwischen der höchsten und der niedrigsten Bewertung wird das Spiel gestoppt und die Kompetenz näher betrachtet.

Beispiel: Die Kompetenz »Kommunikationsfähigkeit« erhält Bewertungen im Bereich von 5 bis 10. Da die Differenz aus höchster und niedrigster Bewertung größer als 4 ist, wird an dieser Stelle das Spiel gestoppt. Die Spieler, die die Bewertungen 5 bzw. 10 abgegeben haben, werden gebeten zu erläutern, wie sie zu dieser Einschätzung gekommen sind. Anschließend bewerten alle Spieler die Kompetenz Kommunikationsfähigkeit erneut und notieren anschließend die Punktsumme und fahren mit dem Bewerten der verbleibenden Kompetenzkarten fort.

Sind alle Kompetenzen bewertet worden, werden die 10 Kompetenzen mit den höchsten Punktsummen identifiziert. Die dazugehörigen Spielkarten werden aus dem durchgespielten Kartenstapel herausgesucht und erneut auf dem Tisch ausgelegt. Diese 10 Kompetenzen werden gemeinsam betrachtet und diskutiert. Ziel ist es, ähnliche Kompetenzen zu identifizieren und zu Kompetenzclustern auf dem Tisch zusammen zu legen.

Das Clustern der Kompetenzen soll helfen, um im nächsten Schritt gemeinsam die fünf wichtigsten Kompetenzen für die zu besetzende Stelle benennen zu können. Bei einer genaueren Betrachtung aller erspielten Kompetenzen fällt dann leichter auf, welche Eignungsmerkmale ein besonders starkes Gewicht für die Stelle haben oder ggf. gerade überrepräsentiert sind.

So könnten z. B. von den Top 10 der im Spiel zusammengetragenen Kompetenzen drei der zehn – Kommunikationsfähigkeit, Teamfähigkeit und Empathie – einen Cluster bilden. Mittels einer weiterführenden Diskussion kommen die Teilnehmer jedoch zu der Erkenntnis, dass es vor allem die Kommunikationsfähigkeit ist, die besonders wichtig für die zu besetzende Stelle ist. Die anderen beiden Kompetenzen des Clusters sehen sie eher als Ausprägung oder Nebeneffekt der Kommunikationsstärke.

Die identifizierten Kompetenzen werden in das zu erstellende Anforderungsprofil aufgenommen und bilden die Basis für die Personalsuche.

Die verdeckte Bewertung der einzelnen Kompetenzen ist ein großer Vorteil dieser Methode. Auf diese Weise gibt jeder Spieler seine eigene Bewertung für jede Kompetenz ab. Es besteht nicht die Gefahr, dass einzelne Spieler der Gruppe ihre Einschätzung vorenthalten oder dass die Spieler sich gegenseitig beeinflussen, indem sie sich bewusst oder unbewusst an der Bewertung anderer orientieren, oder dass sie sich der Einschätzung des mutmaßlich größten Fachexperten anschließen.

Da mehrere Spieler an dieser Methode der Anforderungsanalyse teilnehmen, ist sichergestellt, dass verschiedene Expertenmeinungen und Einschätzung zu aktuellen und zukünftigen Herausforderungen auf der zu besetzenden Position berücksichtigt werden. Als Mitspieler eignen sich neben der Führungskraft auch Fachexperten aus dem Unternehmen, Teammitglieder und Mitarbeiter aus angrenzenden Fachbereichen, die zukünftig eng mit der gesuchten Person zusammenarbeiten werden.

Im Setting des Kompetenzpokers übernimmt HR eine moderierende Rolle. Von einer aktiven Spielteilnahme ist abzuraten, da vornehmlich die Personen spielen sollten, die ähnliche Stellen wie die zu besetzende innehaben oder mit dem dann neuen Mitarbeiter eng zusammenarbeiten werden. Zudem verbessert sich das Spielergebnis, wenn der Prozess des Kompetenzpokers moderiert wird und zudem darauf geachtet wird, dass bei stark abweichenden Bewertungen die Spieler mit der höchsten und niedrigsten Bewertung ausreichend Gehör finden, um ihre Einschätzung zu erläutern, bevor erneut bewertet wird.

Das bestehende Kompetenzset kann weiterentwickelt und auf die Bedürfnisse des eigenen Unternehmens angepasst werden, bis schließlich ein unternehmenseigenes Kompetenzmodell auf Spielkarten entsteht. Dies ist eine Aufgabe, die vor allem von HR wahrgenommen werden kann. Durch die Moderation von Kompetenzpokerrunden im gesamten Unternehmen werden die dazu nötigen Erfahrungswerte gewonnen.

Tipps für die Anwendung: Für eine Runde Kompetenzpoker mit vier Spielern und den Arbeitsmaterialien (bei den Arbeitshilfen online) sollten 40 Minuten angesetzt werden. Verglichen mit vier einzelnen Experteninterviews ist dies ein geringer Zeitaufwand. Selbstverständlich wird es Spielrunden geben die deutlich länger dauern, z. B. wenn der Aufgabenbereich der zu besetzenden Stelle noch nicht vollständig geklärt ist, die Aufgaben einer großen Veränderung unterliegen werden oder eine Funktion im Unternehmen völlig neu geschaffen wird. In solchen Fällen ist die investierte Zeit besonders wertvoll. Denn die Mitspieler werden – gerade über den spielerischen Ansatz und die verdeckte Kompetenzbewertung – zu einem intensiven Austausch angeregt und erlangen so ein tieferes Verständnis der Aufgaben und Anforderungen der zu besetzenden Stelle, das alle teilen.

Das so entwickelte gemeinsame Verständnis der Aufgaben und des Anforderungsprofils bildet zudem für den gesamten Recruitingprozess die Voraussetzung, dass – z. B. bei den Interviews und deren Auswertung – alle beteiligten Personen die gleiche oder wenigstens eine sehr ähnliche Vorstellung vom idealen Kandidaten haben. Diese gemeinsame Sicht auf den richtigen Kandidaten führt zu schnelleren Einstellungsentscheidungen und zu mehr Klarheit, was vom neuen Mitarbeiter erwartet werden kann – ein wichtiger Punkt für die spätere Zusammenarbeit mit Teamkollegen, der Führungskraft und mit den Kollegen aus anderen Fachbereichen.

7.4   Die Kompetenzpyramide – auf eine gute Basis kommt es an

Eine weitere Möglichkeit, die Qualität des Anforderungsprofils zu verbessern, bietet das Modell der Kompetenzpyramide. Anders als bei den zuvor dargestellten drei Methoden geht es bei diesem Modell darum, der Führungskraft, den Fachexperten, dem Team bzw. allen Personen, die befragt werden sollen, ein besseres Verständnis für die Anforderungsanalyse selbst und ihre Herausforderungen zu vermitteln. Mit diesem Hintergrundwissen gelingt es leichter, bei der Anforderungsanalyse über die reinen Qualifikationsmerkmale hinauszugehen und Anforderungen in Kompetenzen zu überführen.

Um das Modell und die Anforderungsanalyse vorzustellen, ist es ratsam, alle Beteiligte zusammen zu einem Termin einzuladen. Aufgabe von HR ist es, das Modell der Kompetenzpyramide in dem Termin vorzustellen und die anschließende Anforderungsanalyse zu moderieren.

Zunächst werden die unterschiedlichen Kompetenzarten des Pyramidenmodells vorgestellt und voneinander abgegrenzt. Dabei hilft die Abbildung »Kompetenzpyramide«. Die Kompetenzpyramide besteht aus vier Ebenen, die, beginnend mit der untersten Ebene, nacheinander vorgestellt werden.

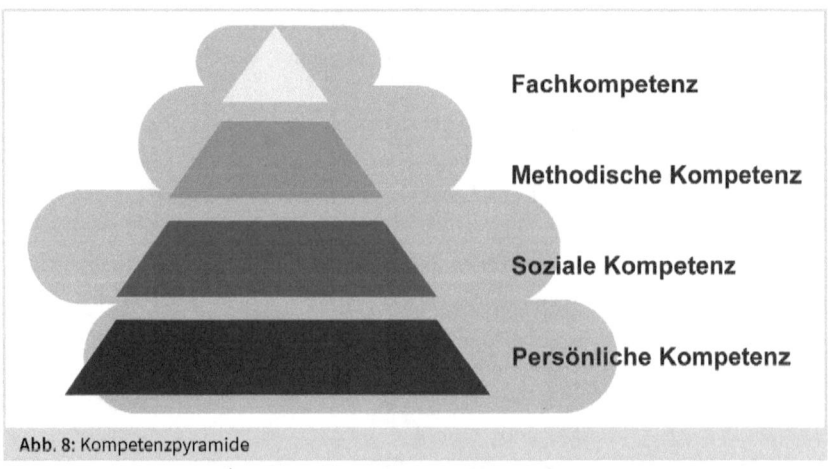

Abb. 8: Kompetenzpyramide

Persönliche Kompetenzen: Die Basis der Pyramide bilden die persönlichen Kompetenzen. Sie beschreiben Einstellungen und Werte, die einen Menschen ausmachen. Persönliche Kompetenzen sind weitgehend in die Wiege gelegt und ihre individuellen Ausprägungen entwickeln sich bereits in den frühen Lebensjahren. Diese Kompetenzen sind so tief mit der Persönlichkeit eines Menschen verbunden, dass sie das Fundament für die Entwicklung weiterer Kompetenzen bilden.

Soziale Kompetenzen: Die zweite Ebene bilden die sozialen Kompetenzen. Sie formen den zwischenmenschlichen Umgang, sowohl im Privaten als auch im beruflichen Alltag. Soziale Kompetenzen entwickeln und festigen sich ebenfalls recht früh im Laufe des Lebens und stärken das Fundament unserer Kompetenzpyramide.

Methodenkompetenz: Eine weitere Ebene höher ist die Methodenkompetenz zu finden. Sie bezieht sich auf den zielgerichteten Einsatz aller zur Verfügung stehenden Kompetenzen zur Problemlösung. Die Methodenkompetenz steht in einem engen Zusammenhang mit der Intelligenz eines Menschen. Die Methodenkompetenz ist eine besondere Kompetenz, denn nur mit ihrer Hilfe können weitere Kompetenzen sowie Fachwissen erworben werden.

Fachkompetenzen: An der Spitze der Kompetenzpyramide stehen die Fachkompetenzen. Dabei handelt es sich um rein fachliche Fertigkeiten und Kenntnisse, die i. d. R. im Rahmen einer Ausbildung erworben und durch Fort- und Weiterbildung erweitert werden. Fachkompetenzen werden demnach durch den Einsatz von Methodenkompetenzen erworben oder sind in Form einer Abschlussnote ein Gütekriterium dafür, wie erfolgreich methodische Kompetenzen zum Erlangen der Fachkompetenz eingesetzt wurden.

Kommen wir zurück zur Anforderungsanalyse: Das Modell der Kompetenzanalyse ist deswegen von Bedeutung, weil durch das Modell nachvollziehbar wird, dass Fachkompetenzen durch den Einsatz von methodischen Kompetenzen erworben werden. Und es steckt noch mehr dahinter: Denken Sie an das Beispiel mit den Bewerbern mit sehr guten Abschlussnoten, der eine erreicht die Note durch Auswendiglernen, der andere durch analytische Skills (siehe Kapitel 2.1 »Hire for talent – train the Skills«). Dadurch wird nochmals deutlich, warum sich ein besonderer Blick auf die Methodenkompetenz empfiehlt, denn sie gibt Aufschluss darüber, wie ein Bewerber Ergebnisse und Ziele erreicht.

Einige Modelle sehen Methodenkompetenz und Intelligenz in einem deutlichen Zusammenhang: Ein Mensch kann umso besser neue Aufgaben und Probleme lösen, je intelligenter er ist. Diese Aussage erscheint plausibel. Je geschickter ein Mensch seine vorhandenen Fähigkeiten und Ressourcen zur Problemlösung einsetzen kann, desto erfolgreicher wird dieser Mensch neue Herausforderungen meistern. Daher kommt der Methodenkompetenz in der heutigen Arbeitswelt eine zentrale Stellung zu.

In keinem Berufsumfeld kann davon ausgegangen werden, dass Aufgaben und Anforderungen konstant bleiben und sich über einen längeren Zeitraum nicht ändern. Vielmehr können wir heute beobachten, wie sich die Veränderungsgeschwindigkeit sogar erhöht: Wir sprechen von der Halbwertszeit des Wissens, wir haben es mit rasanten Veränderungen in den Märkten, bei den Produkten und in den Arbeitsumgebungen zu tun – und seit kurzem auch mit einer alle diese Bereiche beeinflussenden Pandemie. Unser Arbeitsumfeld wird zunehmend komplexer und unsicherer. Immer schneller müssen Anpassungsleistungen erbracht, neue Lösungen gefunden werden. Und all das erfordert genau die Fähigkeiten und Kompetenzen in einer besonders ausgeprägten Form, die mit dem Begriff Methodenkompetenz umschrieben werden.

Da die Methodenkompetenz auf den vorhanden »Ressourcen« eines Menschen aufbaut, spielen die persönliche und soziale Kompetenz ebenfalls eine wichtige Rolle. Für eine erfolgreiche Problemlösung müssen diese beiden Kompetenzen in einem angemessenen Grad vorhanden sein. Die persönlichen und sozialen Kompetenzen bilden die Basis für die Methodenkompetenz und damit das Fundament der Kompetenzpyramide. Dieses Fundament entwickelt sich bei einem Menschen früh, es ist tief in der Persönlichkeit verankert. An einem solchen Fundament lässt sich schwer rütteln oder nachbessern. Lassen sich methodische Kompetenzen durch Coaching oder auch allein durch die täglichen Herausforderungen verbessern, ist die Förderung von persönlichen und sozialen Kompetenzen deutlich schwieriger und kann weit über die normalen Anstrengungen der üblichen Personalentwicklung hinausgehen.

Folgende Botschaft soll bei den Teilnehmern ankommen:

- Fachkompetenzen sind das Ergebnis eines zielgerichteten Einsatzes von Methodenkompetenz. Mittels Methodenkompetenz können neue Fachkompetenzen erworben werden. In einem dynamischen Arbeitsumfeld sind methodische Kompetenzen also am wichtigsten für einen langfristigen Joberfolg. Methodische Kompetenzen lassen sich zudem gezielt weiterentwickeln und trainieren.
- Dem gegenüber stehen die persönlichen und sozialen Kompetenzen. Sie sind tief in einem Menschen verwurzelt und lassen sich deutlich schwieriger weiterentwickeln und trainieren. Da sie das Fundament für die methodischen Kompetenzen bilden, ist darauf zu achten, dass sie in einer ausreichenden Qualität vorhanden sind.

Vorgehensweise bei der Anforderungsanalyse: Mit diesem Wissen beginnt dann die eigentliche Anforderungsanalyse, die durch HR moderiert wird. Die Listen orientieren sich am Aufbau der Kompetenzpyramide und enthalten die persönlichen, sozialen und methodischen Kompetenzarten.

Arbeitshilfen online

Bei den Arbeitshilfen online stehen Kompetenzlisten zum Download zur Verfügung.

Jeder Teilnehmer erhält einen Ausdruck der Kompetenzlisten und die Aufgabe, die fünf wichtigsten Kompetenzen für die zu besetzende Stelle auf der Liste zu markieren. Die Aufteilung der fünf wichtigsten Kompetenzen kann frei über die drei Kompetenzarten erfolgen. Es ist jedoch darauf zu achten, dass mindestens eine Kompetenz je Kompetenzart ausgewählt wird. Nachdem jeder Teilnehmer seine fünf wichtigsten Kompetenzen markiert hat, startet eine moderierte Diskussion unter den Teilnehmern. Beginnend mit der untersten Ebene, den persönlichen Kompetenzen, nennt jeder Teilnehmer seine markierten Kompetenzen und gibt eine kurze Erklärung, wieso er diese Kompetenz für besonders wichtig hält und wie sie konkret zur Bewältigung der Arbeitsanforderungen beiträgt. Verständnisfragen der Teilnehmer zu den Erklärungen sind nicht nur erlaubt, sondern erwünscht. Der Moderator hält die genannten Kompetenzen auf einem Flipchart fest, fördert aktiv das Stellen von Verständnisfragen und achtet zudem darauf, dass zu diesem Zeitpunkt keine Bewertung der genannten Kompetenzen durch die anderen Teilnehmer erfolgt. Nachdem jeder Teilnehmer seine Kompetenzen vorgestellt hat und sie auf dem Flipchart notiert wurden, wird analog zu den sozialen und methodischen Kompetenzen vorgegangen und der anhand der persönlichen Kompetenzen beschriebene Ablauf wiederholt.

Hat jeder Teilnehmer seine fünf wichtigsten Kompetenzen für die Stelle genannt und erläutert, besteht die nächste Aufgabe darin, aus allen genannten Kompetenzen die fünf wichtigsten zu identifizieren. Auch in diesem Fall ist wieder darauf zu achten, dass im Ergebnis jede Kompetenzgruppe mit mindestens einer Kompetenz vertreten ist. Dazu diskutieren die Teilnehmer offen und frei untereinander. Der Moderator behält dabei im Auge, dass jeder der Teilnehmer in der Diskussion Gehör findet und unterstützt die Diskussion, indem er das Ziel, die fünf wichtigsten Kompetenzen zu identifizieren, nicht aus dem Blick verliert.

Wurden die fünf wichtigsten Kompetenzen gemeinsam erarbeitet, kann abschließend noch eine kurze Beschreibung für jede Kompetenz erstellt werden. Beispielsweise dürfte die Kompetenz Kommunikationsfähigkeit jedem Teilnehmer bekannt sein. Es ist aber davon auszugehen, dass jeder eine eigene Vorstellung davon hat, was Kommunikationsfähigkeit ausmacht. So könnte Kommunikationsfähigkeit für die einen der Austausch mit anderen in einem ausgewogenen Verhältnis von Reden und Zuhören bedeuten. Für andere steht Kommunikationsfähigkeit dafür, in Gesprächen nützliche Ergebnisse zu erzielen. Ein gemeinsames Begriffsverständnis ist besonders für die anschließende Kandidatensuche ungemein hilfreich. Vor allem dann, wenn die Teilnehmer der Anforderungsanalyse später auch in den Auswahlprozess eingebunden werden.

Auf Basis der identifizierten Kompetenzen und deren kurzer, begrifflicher Beschreibung lässt sich ein Anforderungsprofil für die zu besetzende Stelle erstellen und in einem weiteren Schritt ein Interviewleitfaden erstellen.

7.5   Cynefin Framework

Das Cynefin-Framework ist ein weiteres Modell, das den Teilnehmern einer Anforderungsanalyse helfen soll, einen »agilen Blick« auf die aktuellen und zukünftigen Herausforderungen der zu besetzende Stelle zu werfen.

Mit dem Cynefin-Framework können zugleich Aufgaben, Probleme, Situationen und Systeme beschrieben werden. Das Modell liefert eine Typologie von fünf Aufgabensituationen, die unterschiedliche Herangehensweisen zur Lösungsfindung beinhalten.

Abb. 9: Cynefin-Framework

Cynefin-Framework wurde von dem Waliser Dave Snowden entwickelt. Die Bezeichnung Cynefin – ein walisisches Wort –, lässt sich nur schwer ins Deutsche übersetzen. Gemeint ist damit, dass wir mehrere Vergangenheiten besitzen, derer wir uns aber nicht immer bewusst sind. Der Name ist eine Erinnerung daran, dass alle menschlichen Interaktionen stark von unseren Erfahrungen beeinflusst und häufig ganz davon bestimmt sind.

Möchten wir dieses Modell für die Zwecke der Anforderungsanalyse nutzen, ist es notwendig, dass wir zunächst die fünf Kontexte betrachten, die das Modell beschreibt, und die aus den Kontexten resultierenden Aufgaben und deren Lösungswege verstehen. Beginnen wir unten rechts.

Kontext 1: Obvious. Unter Obvious wird uns ein offensichtlicher Sachverhalt dargestellt. Auf den ersten Blick ist zu erkennen, dass bei diesem Fahrzeug ein Reifen gewechselt werden muss. Nicht irgendein Reifen, sondern der Reifen vorne links muss getauscht werden, damit das Fahrzeug wieder fahrtauglich wird. Diese Aufgabe ist nicht nur offensichtlich, sondern auch leicht zu lösen, da für einen Reifenwechsel keine Fachexperten benötigt werden.

Kontext 2: Complicated. Dies ist auch schon der große Unterschied zum zweiten Bild oben rechts. Unter Complicated wird uns ein Fahrzeug gezeigt, aus dessen Motorraum Rauch aufsteigt. Vermutlich gilt es einen Schaden im Motorraum zu beheben, nur was genau zu tun ist, ist auf den ersten Blick nicht erkenntlich. Für die Lösung komplizierter Probleme braucht es einen Fachmann. Auch für ihn ist die Schadensursache nicht offensichtlich. Er hat jedoch gelernt sich systematisch anhand verschiedener Prüfprotokolle der Schadensursache zu nähern.

Kontext 3: Complex. Während es bei den ersten beiden Problemen einen Lösungsplan gab, haben wir es im dritten Feld oben links mit einer komplexen Situation zu tun, die einer Fahrt im Nebel gleicht. In der Annahme, dass ein Weg existiert, der uns zum Ziel führt, fahren wir auf der Straße langsam und auf Sicht. Nach jedem gefahrenen Meter gilt es, sich neu zu orientieren, um nicht vom Weg abzukommen.

Kontext 4: Chaos. Das vierte Bild unten links steht für das Chaos. Während wir bei einer Fahrt durch den Nebel noch auf Sicht fahren und uns am Verlauf der Straße orientieren konnten, haben wir es hier mit einer Situation zu tun, deren Zusammenhänge und Abläufe wir nicht verstehen. So ist in diesem Bild nicht klar, wieso eine Kuh auf der Straße steht und die Durchfahrt versperrt. Lösen wir dieses Problem, in dem wir die Hupe bedienen? Unklar ist auch, was beim nächsten Mal passiert, wenn wir die Straße entlangfahren. Steht die Kuh dann wieder da? Allein oder zu zweit?

Kontext 5: Disorder. In der Mitte sehen wir das Feld Disorder. In diese Kategorie fallen alle Probleme und Situationen, die sich mit unserem aktuellen Wissenstand keiner der zuvor beschriebenen Hauptkategorien zuordnen lassen.

Wie können konkrete Anforderungen in diesem Modell abgebildet werden?

Beispiel Buchhaltung: Im Gegensatz zur Kompetenzpyramide werden in diesem Modell keine Kompetenzen, sondern unterschiedliche Arten von Anforderungen und Arbeitssituationen abgebildet. Verständlicher wird es, wenn wir das Cynefin-Framework am Beispiel einer konkreten Recruitingaufgabe noch einmal durchlaufen. Angenommen, wir sind auf der Suche nach einem Mitarbeiter in der Buchhaltung. Eine wichtige Aufgabe in der Buchhaltung ist das Kontieren und Buchen von Belegen. Eine Aufgabe die dank der deutschen Steuergesetze und den Grundsätzen der ordnungsgemäßen Buchführung klar geregelt ist. Diese Aufgabe können wir im Cynefin-Framework unten rechts im Bereich Ovious einsortieren, da es nur einen einzigen richtigen Lösungsweg gibt, um einen Beleg zu kontieren. Kontieren und Buchen von Belegen ist in vielen Unternehmen bereits so standardisiert, dass es nahezu vollautomatisch durch eine Buchhaltungssoftware erfolgt.

Selbstverständlich gibt es Buchungen und Sachverhalte, die komplexer sind und mehr Aufmerksamkeit erfordern. Dies könnten z. B. Buchungsvorgänge mit einem neuen Kunden aus einem neuen, bislang nicht belieferten Land außerhalb der EU sein. Eine solche Buchung oder das Entwickeln eines neuen Kontenrahmens sind Aufgaben, die dem Bereich Complicated zuzuordnen sind. Ohne Fachkenntnisse aus dem Berufsfeld der Buchhaltung lassen sich diese Aufgaben nicht lösen. Auch können sie nicht in dem Umfang standardisiert und automatisiert werden, wie es zuvor bei den Aufgaben war, die wir als Obvious bezeichnen.

Gehen wir nach oben links zu den komplexen Aufgaben. Die zuvor beschriebene Fahrt im Nebel kann auf nahezu jede Situation übertragen werden, in der wir mit anderen Menschen kommunizieren. Kommunikation ist immer mit Unsicherheit verbunden. Ob und wie die eigene Botschaft beim Empfänger angekommen ist, können wir aus seiner Reaktion ableiten. Wobei dann gleichzeitig wieder eine Unsicherheit bei unserem Gesprächspartner besteht, ob wir seine Botschaft richtig verstanden habe. Schritt für Schritt, bzw. Satz für Satz räumen wir Missverständnisse aus und nähern uns einem gemeinsamen Verständnis des besprochenen Anliegens. Im beruflichen Alltag hat es ein Mitarbeiter in der Buchhaltung mit vielen Kollegen aus dem gesamten Unternehmen zu tun. So ist es die Aufgabe der Buchhaltung, die Rechnungen, die zum Gegenzeichnen in die verschiedenen Unternehmensbereiche verteilt wurden, fristgerecht zur Buchung des Monatsabschluss zurückzufordern. Nicht selten müssen einzelne Personen mehrfach dazu ermutigt werden. Folglich hat ein Buchhalter viel mehr Situationen aus dem Bereich Complicated zu meistern. Zudem haben genau diese Situationen einen maßgeblichen Einfluss auf die fristgerechte Erstellung des Monatsabschlusses.

Im vierten Feld treffen wir auf das Chaos. Dazu zählen Aufgaben und Situationen, die einem Mitarbeiter in der Buchhaltung völlig fremd sind und zu denen er noch keinerlei Lösungsroutinen entwickelt hat. Das wäre wahrscheinlich der Fall, wenn wir dem Mitarbeiter die Verantwortung für die Marketingkampagne unseres neuen Produktes übertragen würden, oder die Aufgabe, die nächste Weihnachtsfeier zu planen oder den Kundenservice im Saisongeschäft temporär zu unterstüten.

Bleibt zuletzt das Feld Disorder, in dem alle Aufgaben und Situationen zu finden sind, die der Mitarbeiter noch nicht in eine der vier Kategorien einordnen kann. Am verständlichsten wird dies, wenn wir uns einen Auszubildenden an seinem ersten Tag vorstellen. Unabhängig davon welche Aufgabe ihm übertragen wird oder welche Situation ihm begegnet, wird er zunächst nicht wissen, wie die übertragene Aufgabe zu lösen ist. Für den neuen Auszubildenden startet daher jede Aufgabe zunächst im Feld Chaos. Über die Zeit wird er lernen, wie die verschiedenen Aufgaben zu erledigen sind und mit welchem der vier verschiedenen Aufgabentypen er es zu tun.

Das bringt uns zurück zu unserem Mitarbeiter in der Buchhaltung und dem Beispiel mit der Weihnachtsfeier. Das Organisieren der Firmenweihnachtsfeier ist sicherlich eine ungewohnte Aufgabe für die Buchhaltung. Wir können aber davon ausgehen, dass unser Mitarbeiter vergleichsweise schnell erste Lösungsstrategien entwickelt und die neue Aufgabe nicht mehr als Chaos einstuft, sodass diese Aufgabe nun als komplex wahrgenommen wird. Ähnliches gilt für die komplizierten Buchungen des neuen Kunden aus dem Nicht-EU-Ausland. Werden weitere Kunden folgen und sich diese Buchungen häufen, kann auch dieser Buchungsvorgang automatisiert werden und wandert in die Kategorie Obvious. Ein wenig anders verhält es sich in diesem Beispiel mit der Kommunikation, also den komplexen Aufgaben. Sicherlich werden sich in der Kommunikation mit Kollegen im Laufe der Zeit Routinen und auch Vertrauen entwickeln, dennoch wird es eine komplexe Aufgabe bleiben – auch wenn der Nebel sich ein wenig klärt.

Das Cynefin-Framework hilft, die verschiedenen Aufgaben einer Stelle zu kategorisieren. So erhalten wir recht schnell ein Bild davon, wie anspruchsvoll die zu besetzende Position ist und welche Aufgaben und Fähigkeiten besonders relevant sind. In unserem Beispiel ist die Kommunikation bzw. das Erinnern und Nachfassen zu den Eingangsrechnungen in den Unternehmensbereichen eine wichtige Aufgabe, die vielleicht schnell übersehen werden kann. Das fristgerechte Buchen einer Rechnung kann durch den Mitarbeiter in der Buchhaltung nur dann erfolgen, wenn die Eingangsrechnung gegengezeichnet und rechtzeitig bei ihm ankommt. Sollte der neue Mitarbeiter ein Weltmeister im Erfassen von Belegen sein, ist aber eher gehemmt in der Kommunikation mit anderen, so ist dies eine ungünstige Kombination bei der pünktlichen Erstellung von Monatsabschlüssen.

Darüber hinaus zeigt uns das Modell Lern- und Entwicklungspfade auf. Nicht jede Aufgabe bleibt auf Dauer in ihrer Kategorie. Sei es, dass ein Mitarbeiter lernt, neue Aufgaben zu lösen und zu verstehen, oder Arbeitsschritte durch Automation und Digitalisierung immer einfacher zu steuern sind und weniger Aufmerksamkeit bedürfen. Auch hier ist die automatische, softwaregestützte Erfassung und Buchung von Belegen ein gutes Beispiel. Aufgaben, die vermutlich jeder mit den Kernaufgaben eines Buchhalters verbindet, laufen heute weitgehend automatisiert.

Mit dem Cynefin-Framework lassen sich Aufgaben und Arbeitssituationen auch dahingehend betrachten, wie sie sich zukünftig entwickeln werden. Sei es hier nun unter Berücksichtigung des wirtschaftlichen Wandels, den Fortschritten der Informationstechnologien und der Digitalisierung, oder einfach hingehend der Möglichkeiten einer weiteren Automation. Eine solche Einschätzung ist hilfreich, damit Mitarbeiter gesucht und eingestellt werden, die auch den Anforderungen in einer nicht allzu fernen Zukunft gerecht werden.

Das Cynefin-Framework in der Anforderungsanalyse einsetzen
Wie auch im Modell der Kompetenzpyramide gilt es zunächst die zu befragenden Personen, z. B. Führungskraft, Fachexperten, Teammitglieder und Kollegen, mit denen zukünftig eng zusammengearbeitet werden soll, zu einem gemeinsamen Termin einzuladen. In diesem Termin wird durch HR das Cynefin-Framework vorgestellt.

Arbeitshilfen online

Zur besseren Veranschaulichung steht auch die Abbildung des Cynefin-Frameworks bei den Arbeitshilfen online zur Verfügung.

Anschließend erfolgt eine Anforderungsanalyse auf Basis der durch das Modell beschriebenen Kategorisierung der Anforderungen. Die Anforderungsanalyse wird ebenfalls durch HR moderiert.

Da mit dem Cynefin-Framework Anforderungen und Situationen kategorisiert werden, bleibt die Herausforderung bestehen, diese Anforderungen genau zu analysieren und in Kompetenzen zu überführen. Als Hilfsmittel können an dieser Stelle auf die vorgestellten Methoden Experteninterview, Kompetenzpoker und die Kompetenzlisten der Kompetenzpyramide zurückgegriffen werden. Als Zeitrahmen sollten ca. 30 Minuten für Vorstellung des Frameworks und anschließende Diskussion eingeplant werden. Hinzu kommt die Zeit für die gewählte Methode der eigentlichen Anforderungsanalyse.

> **!**
>
> **Das wichtigste aus Kapitel 7**
>
> - Die Anforderungsanalyse ist und bleibt der wichtigste Schritt für eine erfolgreiche Stellenbesetzung.
> - Kompetenzbasierte Anforderungsprofile eignen sich besonders für Positionen und Unternehmen, die einem steten Wandel unterliegen.
> - Die Einbindung des Recruitingteams und des suchenden Fachbereichs ist hilfreich, um ein besseres Bild der tatsächlichen Aufgaben und Anforderungen der Stelle zu erhalten.
> - Für das Erstellen eines Anforderungsprofils gibt es verschiedene Methoden. Sie sind in Abhängigkeit von der Stelle und dem Erfahrungsschatz aller Beteiligten zu wählen.
> - Zu Beginn ist es hilfreich, den Blick auf Kompetenzen und Anforderungen zu weiten. Geeignete Modelle sind die beschriebene Kompetenzpyramide und das Cynefin-Framework.

8 Die Stellenanzeige

Alle paar Jahre wird das Ende der Stellenanzeige ausgerufen. Sei es, weil sich die technologischen Möglichkeiten der Kandidatensuche so rasch entwickeln und neue Möglichkeiten bieten, oder weil zunehmend auf Active Sourcing und künstliche Intelligenz gesetzt wird. Es ist nicht von der Hand zu weisen, dass die automatisierten Suchprozesse und die Direktansprache inzwischen einen festen Platz in der Kandidatensuche eingenommen haben. Schauen wir aber auf die Entwicklung der Anzahl ausgeschriebener Stellen in den letzten Jahren, so können wir einen deutlichen zweistelligen Zuwachs von Stellenanzeigen beobachten. Zudem drängen immer neue Jobplattformen auf den Markt, wie z. B. zuletzt Google 4 Jobs. Es ist also davon auszugehen, dass uns die Stellenanzeige zumindest mittelfristig als Instrument der Personalsuche erhalten bleibt. (Scheller 2018)

An dem Suchinstrument Stellenanzeige ist per se nichts auszusetzen. Ein Unternehmen gibt mit ihr bekannt, dass es sich auf der Suche nach einem neuen Mitarbeiter befindet und liefert eine Beschreibung der zu erledigenden Aufgaben und zum gesuchten Profil. Für Unternehmen und Jobsuchende ist das ein vertrautes und bekanntes Verfahren. Fast könnten wir sagen, das war schon immer so. Der Erfolg bzw. das Fortbestehen der Stellenanzeige dürfte also auch darin bestehen, dass aus der Sicht der Bewerber eine Stellenanzeige erwartet wird. Die Stellenanzeige ist quasi das Einfallstor für Bewerbungen. Was sich aber sehr wohl ändern sollte, sind die Inhalte, die eine Anzeige vermittelt.

Während eine Stellenanzeige früher oft in Wortlaut und Beschreibung der technischen Spezifikation einer Maschine glich, gibt es heute zunehmend Unternehmen, die eine Stellenanzeige auch als Marketinginstrument sehen und stärker auf den Bewerber eingehen. Besonders durch zielgruppengerechte Formulierung und einer authentischen Darstellung von Unternehmen, Team und Aufgabe können Stellenanzeigen bei potenziellen Bewerbern punkten. Zielgruppengerechte Gestaltung und Bewerberansprache mögen vertraut klingen, dennoch werden wir später noch einmal vertiefend darauf eingehen.

Fast noch wichtiger ist zudem der authentische Auftritt als Arbeitgeber. Ein Beispiel: Nehmen wir an, ein kleines Unternehmen mit 12 Mitarbeitern ist auf der Suche nach einem kaufmännischen Sachbearbeiter. Das Unternehmen möchte sich selbstverständlich in der Stellenanzeige bestmöglich präsentieren. So übernimmt es seine Unternehmensbeschreibung aus dem aktuellen Produktflyer und formuliert Anforderung und Profil ein wenig bedeutungsvoller als sie eigentlich sind, um die zu besetzenden Stelle attraktiver klingen zu lassen. Doch was für den Produktflyer okay ist, wird für die Stellenanzeige nicht funktionieren. Wenn wir es mit Produkten, Dienstleistungen und Selbstdarstellungen von Unternehmen zu tun haben, wissen alle Kunden, dass sie es mit Werbung zu tun haben. Hier liegen gewisse Erfahrungswerte vor, wieviel Glauben vollmundigen Werbeversprechen zu schenken ist.

Bei Stellenanzeigen ist es ein klein wenig anders. Zum einen befinden sich die meisten Bewerber nur alle paar Jahre – wenn überhaupt – auf Jobsuche. Von Erfahrung und Routine kann also nicht gesprochen werden. Es macht einen großen Unterschied, ob der Absatz bei einem stark beworbenen Produkt hinter den Erwartungen zurückbleibt, oder ob wir es mit einer neuen Stellen zu tun haben, deren beschriebene Aufgaben und Möglichkeiten eher weniger mit dem wahrgenommenen Alltag des Stelleninhabers zu tun haben. Bewerbern können wir zumindest zu Beginn des Auswahlprozesses unterstellen, dass sie auf der Suche nach einem Arbeitgeber sind, mit dem sie wenigstens mittelfristig planen können. Wenn sich herausstellt, dass die neue Stelle das, was Stellenanzeige und Recruiter versprochen haben, nicht bietet, ist die Unzufriedenheit groß und im ungünstigen Fall steht eine Probezeitkündigung an.

Einen Absatz zuvor hieß es, dass Stellenanzeigen auch als Werbeinstrument genutzt werden sollen. Sie sollen Lust auf die beschriebene Stelle machen und Jobsuchende animieren, sich zu bewerben. Dabei bleibt es auch. Ebenso bei einer zielgruppengerechten Gestaltung und Formulierung. Wobei hier der erste Knackpunkt liegt. Es scheint naheliegend zu sein, unterschiedliche Stellenanzeigen für verschiedene Berufsgruppen zu entwerfen. Ein Buchhalter wünscht sich vermutlich eine andere Tonalität der Ansprache und andere Unternehmensinformationen als ein Vertriebler. Trotzdem können wir beobachten, dass viele Stellenanzeigen nur wenig zielgruppengerecht gestaltet sind und mit einem überschaubaren Set an Textbausteinen gearbeitet wird. Dies trifft nicht nur auf die Unternehmensbeschreibung zu, sondern auch auf die Formulierung von Aufgaben und Anforderungen.

Selbst unter den Rubriken »Ihre Aufgaben« und »unsere Anforderungen« bzw. »Ihr Profil« ist es auffällig, dass an dieser Stelle ebenfalls gerne mit den gleichen oder sehr ähnlichen Formulierungen gearbeitet wird. So gibt es in Unternehmen vermeintliche Anforderungskriterien, die in jeder Stellenanzeige auftauchen, unabhängig davon, ob es sich um eine Stelle in der Buchhaltung, im Marketing oder Vertrieb handelt. Besonders deutlich wird es bei den Softskills. Der »teamfähige und kommunikationsstarke Mitarbeiter«, der »auch in stressigen Situationen einen kühlen Kopf behält«, ist in allen Branchen, auf allen Ebenen und jeder Position gefragt. Vergleichen wir dann noch Stellenanzeigen verschiedener Unternehmen miteinander, können wir schnell den Eindruck gewinnen, als würden Personaler alle auf das gleiche Repertoire an Formulierungen für Stellenanzeigen zurückgreifen. Neben der geheimnisumwobenen Zeugnissprache scheint sich bei Stellenanzeigen ein bundesweiter Einheitsbrei für Aufgaben und Anforderungen etabliert zu haben.

Wenn es um die zielgruppengerechte Gestaltung einer Stellenanzeige geht, dann ist in der Regel nicht davon die Rede, Aufgaben und Anforderungen stellenbezogen zu formulieren. Da dies aber in den verschiedenen Anzeigen unterschiedlich gut gelingt, können wir diesen Punkt in den späteren Beispielen nicht vollends außer Acht lassen.

Viel entscheidender ist aber eine authentische Darstellung des eigenen Unternehmens und der zu erledigenden Aufgaben. Ein Bewerber möchte wissen, wer sich hinter einer Stellenausschreibung verbirgt und was ihn wirklich erwartet. Das beginnt bereits bei der Aufgabe. Einem Buchhalter ist es beispielsweise unabhängig von Stelle und Unternehmen bewusst, dass er buchen und kontieren wird. Mit dieser Information schaffen wir auf keiner Seite einen Mehrwert oder einen Erkenntnisgewinn oder grenzen uns von anderen suchenden Unternehmen ab. Für Bewerber sind Informationen zu Freiheitsgraden, Arbeitsorganisation und zu Team und Chef interessanter. Wie ist die Unternehmenskultur, wir formal geht es zu, Businesskleidung, oder sind Turnschuhe ok?

Dies in einer Stellenanzeige herauszuarbeiten, ist sicherlich eine größere Anstrengung als auf das bestehende Repertoire an Formulierungen zurückzugreifen. Bedeutet dies ja nun auch mitunter, dass es für verschiedene Stellen in der Buchhaltung auch verschiedene Stellenausschreibungen geben muss. Schließlich geht es darum, Aufgabe und Umfeld möglichst authentisch zu präsentieren. Sicherlich wird es Werte und eine Kultur geben, die für ein gesamtes Unternehmen stehen. Es ist aber schwer vorstellbar, dass diese Werte in jedem Team auf die gleiche Art und Weise gelebt werden. Dies können wir nicht nur in großen Konzernen, die vielleicht auf verschiedenen Kontinenten tätig sind, beobachten, sondern auch im eher kleinen, wenn wir verschiedene Bereiche im Unternehmen betrachten oder sogar verschiedene Teams innerhalb eines Bereiches.

Für die Stelle in der Buchhaltung aus unserem Beispiel mag es daher sinnvoll sein, die jeweiligen Rahmenbedingen zu betrachten. Jede Führungskraft führt anders und jedes Team hat seine eigene Dynamik. Diese Punkte gilt es, bei einer authentischen Stellenanzeige hervorzuheben.

Bevor verschiedene Methoden vorgestellt werden, mit denen es gelingt, eine Anzeige möglichst authentisch auf die jeweilige Zielgruppe zu gestalten, schauen wir uns einen idealtypischen Aufbau einer Stellenanzeige an. Dieser Aufbau soll ein wenig Orientierung geben, an welcher Stelle welche Gestaltungsmöglichkeiten bestehen.

8.1   Das Stellenanzeigenlayout – nicht mit Gewohnheiten brechen

Für Stellenanzeigen scheint sich ebenfalls ein gemeinsames Verständnis entwickelt zu haben, wie das Layout auszusehen hat. Es gibt zahlreiche Studien und Erhebungen zur Optimierung von Stellenanzeigen. Legen wir die verschiedenen Empfehlungen nebeneinander, so stellen wir schnell fest, dass sich Ratschläge und empfohlene Layouts der unterschiedlichen Anbieter sehr ähneln. Wenig verwunderlich, es ist genau dieser Aufbau, der allen Jobsuchenden seit Jahren vertraut ist. Jeder Leser einer Stellenausschreibung hat gelernt, an welcher Stelle in einer Anzeige welche Information zu finden ist. Diese Erfahrung weckt die Erwartung, Informationen zu vakanten Stellen immer in der gleichen Form zu bekommen.

Das Vertraute verbessern
Auch mit einem agilen Blick gibt es keinen Anlass, mit dem gewohnten Format zu brechen. Vielmehr soll es darum gehen, das Vertraute noch besser zu bedienen und vor allem die Inhalte dahingehend zu überprüfen, ob bzw. welche bereitgestellten Informationen von potenziellen Bewerbern wirklich benötigt und gesucht werden, um eine Bewerbung abzusenden.

Bei der Analyse der verschiedenen Elemente einer Stellenanzeige folgen wir dem Aufbau einer typischen Stellenanzeige wie in Abb. 10 dargestellt. Für jedes einzelne Element gehen wir auf die wichtigsten Punkte aus Sicht der Bewerber ein.

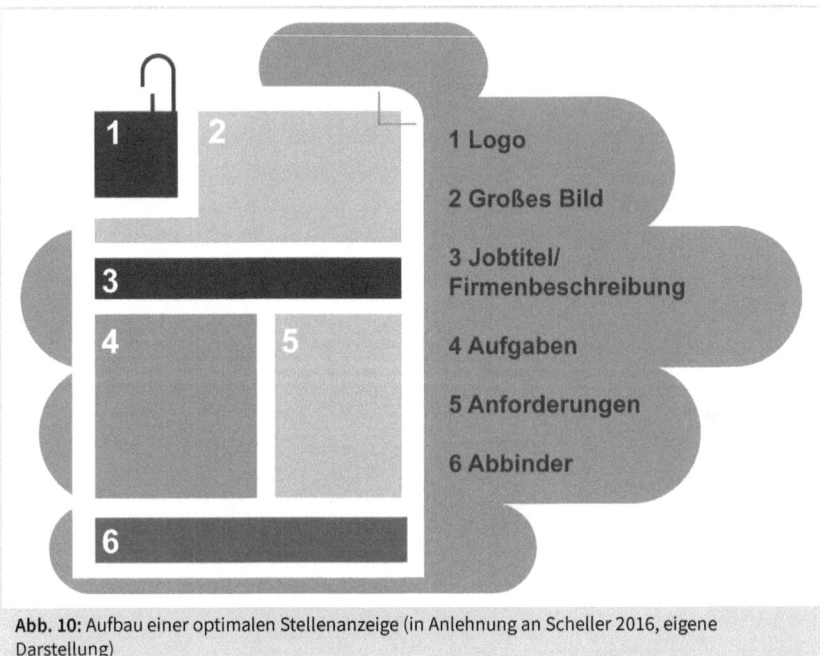

Abb. 10: Aufbau einer optimalen Stellenanzeige (in Anlehnung an Scheller 2016, eigene Darstellung)

Großes Bild: Bilder sind ein wichtiges Gestaltungsmittel im Personalmarketing und dürfen auf einer Stellenanzeige nicht fehlen. Sie wecken die Aufmerksamkeit des Betrachters, vermitteln Emotionen und können innerhalb von Bruchteilen einer Sekunde Stimmungen erzeugen. Die größte Aufmerksamkeit erzielen dabei immer Fotos mit Menschen. Für einen möglichst authentischen Eindruck sollte auf gekaufte Bilder verzichtet werden und möglichst mit Bildern der eigenen Mitarbeiter geworben werden. Bewerber erkennen in der Regel sofort, ob es sich um Hochglanzbilder einer Agentur handelt oder um »echte« Menschen, die bald zu Kollegen werden können. Idealerweise zeigt das Bild bereits einzelne Mitglieder des zukünftigen Teams, z. B. in einer typischen Arbeitssituation oder mit einer direkten Botschaft an den Bewerber in Richtung »Wir freuen uns auf dich!«. Das Werben mit den eigenen Mitarbeitern macht das Unternehmen für den Bewerber nahbar, dies kann den Wunsch verstärken, Teil des Teams zu werden oder Klarheit schaffen, dass dies vielleicht nicht die richtige Aufgabe ist. Beides gute und wichtige Erkenntnisse, um den Bewerbungseingang nur mit passenden Bewerbungen zu füllen. Zusätzlich stärkt es das Teamgefühl der bestehenden Kollegen, wenn sie bei der Suche nach ihrem neuen

Kollegen eingebunden werden und steigert die Bereitschaft, den neuen Kollegen schnell in das Team zu integrieren.

Firmenbeschreibung: Sie folgt an nächster Stelle und scheint unerlässlich zu sein. Sicherlich ist es für einen Bewerber von Interesse, ein wenig mehr über das gesamte Unternehmen zu erfahren. Fraglich ist jedoch, ob Angaben zur Marktstellung und Firmengröße an oberster Stelle bei den Bewerbern stehen. Sicherlich ist es schön, bei einem Weltmarktführer oder Hidden Champion zu arbeiten. Bevor aber das große Ganze betrachtet wird, geht es vielen Bewerbern darum zu erfahren, wie sich ihr näheres Umfeld gestaltet, wie sich das Team zusammensetzt und wie die Rahmenbedingungen aussehen, die ihren Arbeitsalltag ausmachen.

Anstelle einer Firmenbeschreibung würde also eine Teambeschreibung an dieser Stelle potenziellen Bewerbern bereits einen guten und authentischen Eindruck vermitteln, was ihn in diesem Unternehmen erwartet. Die klassische Firmenschreibung kann ans Ende der Stellenanzeige wandern oder gar ganz entfallen. Für die Selbstdarstellung kann auf die eigene Webseite verwiesen werden bzw. dürften die meisten Unternehmen über eigene Karriereseiten verfügen, auf denen sie sich als Arbeitgeber ausführlich vorstellen. Diese Informationen sind für den Bewerber zumeist dann von Interesse, wenn über Aufgabe und Team das Interesse an einer Zusammenarbeit geweckt wurde.

Aufgaben: Sie bilden ein zentrales Element in Stellenanzeigen. Unternehmen beschreiben, was auf den neuen Mitarbeiter zukommt und Bewerber sollen so einen besseren Eindruck von der Stelle bekommen. Dabei neigen Unternehmen dazu Aufgaben und Anforderungen eher technisch und nüchtern zu beschreiben. Der Fokus liegt auch hier oft auf fachlichen Qualifikationsmerkmalen, ähnlich wie bei der Erstellung eines Anforderungsprofils. Bereits beim Anforderungsprofil wurde klar, dass die rein fachlichen Qualifikationsmerkmale die zu erledigenden Aufgabe einer Stelle nur wenig beschreiben. Aus Sicht der Bewerber liefern diese Angaben in der Stellenanzeige auch keinen wirklichen Mehrwert. Denken wir wieder an den Buchhalter. Dieser ist sicherlich wenig überrascht zu lesen, wenn zu seinen Aufgaben das Buchen und Kontieren von Rechnungen gehört. Sicherlich macht diese Aufgabe einen wesentlichen Teil seiner Arbeit aus. Die Formulierung der Aufgabeninhalte kann aber auch als Fortsetzung der Teambeschreibung gesehen werden, indem Rahmenbedingungen, Verantwortlichkeiten und Arbeitsabläufe beschrieben werden. Auf diesem Weg erhält der Bewerber vertiefende Einblicke in die zu besetzende Stelle und wird idealerweise bestärkt, seine Bewerbung zu senden.

Anforderungen: Ähnliches wie für die Aufgaben trifft auch für die Anforderungen zu. Bei ihnen gilt es jedoch zu unterscheiden, welche Anforderungen zwingend notwendig sind, um die ausgeschriebene Position zu besetzen und welche Anforderungen eher über den Charakter eines Wunsches des Abreitgebers verfügen. Bewerber lesen sehr genau, welche Anforderungen zu erfüllen sind und wägen dann für sich ab, ob eine Bewerbung von Erfolg gekrönt sein könnte. Daher ist es ratsam, die zwingend notwendigen Voraussetzungen klar zu benennen. Alle weiteren Anforderungen, die ein Wunschbild oder den Idealkandidaten beschreiben, sollten mit Bedacht angeführt werden. Die Gefahr ist sonst zu groß, dass ein Bewerber sein Profil mit dem Idealprofil aus der Bewerbung vergleicht und in der Folge von einer Bewerbung absieht, da er nicht all die gewünschten Punkte mitbringt. Vor allem bei Positionen, auf denen der Bewerbereingang eh eher dürftig ist, sollte daher auf die Hürde eines ausführlichen Anforderungsprofils verzichtet werden. Erst im zweiten Schritt sollte in Abhängigkeit von der Qualität der eingegangenen Bewerbungen eine weitere Selektion erfolgen. Diese Möglichkeit sollte sich das suchende Unternehmen vorbehalten, um auch gleichzeitig zu erfahren, wie es aktuell für die jeweilige Position auf dem Arbeitsmarkt bestellt ist.

Abbinder: Neudeutsch wäre vielleicht Call-to-action auch eine passende Beschreibung. Eine Stellenanzeige schließt mit der Aufforderung seine Bewerbung zu senden. Wer kennt diesen Satz nicht: »Haben Sie Lust in einem jungen, hochmotivierten Team zu arbeiten? Dann bewerben Sie sich bitte mit den üblichen Unterlagen (Anschreiben, Lebenslauf, Foto sowie Arbeits- und Schulzeugnisse) und Angabe Ihres Gehaltswunsches und frühestmöglichen Eintrittstermins.« Mal abgesehen von den rechtlichen Fallstricken in diesem Abbinder wird es einem interessierten Bewerber nicht unbedingt einfach gemacht, sein Interesse zu bekunden. So klar der Auftrag an den Bewerber auch formuliert ist, sollten Kontaktaufnahme und Bewerbung eine niederschwellige Hürde darstellen, die vom Bewerber leicht genommen werden kann: angefangen damit, dass nicht gleich vollständige Unterlagen und Selbstauskünfte gefordert werden. Besonders für Positionen, die schwer zu besetzen sind oder bei denen mit wenigen Interessenten zu rechnen ist, sollte eine einfache Interessensbekundung und ein Verweis auf ein Profil in den Businessnetzwerken wie Xing oder LinkedIn ausreichen, um mit dem Bewerber ins Gespräch zu kommen.

Darüber hinaus ist es ratsam, einen Ansprechpartner im Unternehmen für weitere Fragen namentlich zu benennen, der auch wirklich über die angegeben Kontaktdaten zu erreichen ist und über die nötige Zeit verfügt, Fragen der Bewerber ausführlich und in Ruhe zu beantworten. Besonders authentisch lassen sich Fragen zur Position und der Aufgabe beantworten, wenn der zukünftige Vorgesetzte oder ein Teammitglied als Ansprechpartner aufgeführt werden. Auf diesem Weg können Bewerber und Fachbereich bereits sehr früh in Kontakt miteinander treten und einen ersten Eindruck voneinander gewinnen. Zusätzlich erscheinen Unternehmen sehr nahbar, wenn Ansprechpartner namentlich genannt werden und auch ein Foto von ihnen zu sehen ist.

Bereits bei der Betrachtung dieser Stellenanzeigenelemente wird deutlich, welches Potenzial für eine zielgruppengerechte und authentische Gestaltung es noch in dem alten Klassiker der Personalsuche zu heben gilt. Eine Stellenausschreibung ist eben kein Bestellschein für einen neuen Mitarbeiter, sondern ein Instrument, das auch im Personalmarketing seinen Platz hat.

Hinsichtlich des Layouts ist noch anzumerken, dass gestalterische Elemente, wie der bekannte zweispaltiger Aufbau für Aufgaben und Anforderungen, sich zunehmend schlechter umsetzen lassen. Dies liegt vor allem daran, dass mehrspaltige Anzeigen dem Responsive-Design zum Opfer fallen, also den Gestaltungvorgaben, die nötig sind, damit Stellenanzeigen auch in hoher Qualität und optisch ansprechend auf mobilen Geräten angezeigt werden können. Ähnliches gilt für grafische Elemente und Fotos, die in einem mobilen Layout nicht immer passend dargestellt werden können. Vielfach wird zudem bei Plattformen, die für mobile Endgeräte optimiert sind – wie Xing und LinkedIn –, vollständig auf grafische Elemente verzichtet und ausschließlich die Stellenanzeigentexte an interessierte Bewerber ausgespielt. Mit der Folge, dass der Text noch mehr an Gewicht gewinnt und eine authentische und zielgruppengerechte Formulierung der Stellenanzeigeninhalte noch bedeutsamer wird.

8.2   Verschiedene Methoden und Wege zur optimalen Stellenanzeige

Im Folgenden werden verschiedene Methoden vorgestellt, mit denen es gelingen soll, vor allem das Wording einer Stellenanzeige zielgruppengerechter und authentischer zu gestalten. Eine Aufgabe, die in der Form von HR allein nicht bewältigt werden kann. Auch hier zeigt sich, das Recruiting zu einem Teamsport geworden ist, in dem HR durch den Prozess steuert und situativ als Fachexperte hinzugezogen wird. Die Reihenfolge der vorgestellten Methoden orientiert sich am Grad der Einbindung von Fachbereich und Zielgruppe. So sollten vor allem die erstgenannten Methoden auch in Unternehmen umsetzbar sein, in denen das Recruiting bislang vollständig in der Hand von HR lag und weder Führungskräfte noch Mitarbeiter aus dem Fachbereich eingebunden wurden.

8.3   Die Führungskraft einbeziehen

Ähnlich wie zuvor beim Anforderungsprofil geht es in diesem Schritt darum, Interviews oder auch kleine Workshops mit dem Fachbereich durchzuführen, der auf der Suche nach einem neuen Kollegen ist. Das Ziel ist, gemeinsam herauszuarbeiten, was die offene Stelle besonders macht, welche dieser Besonderheiten potenzielle Bewerber attraktiv finden und sie dann auch dazu motiviert, sich zu bewerben. Um das Ziel zu erreichen, gibt es verschiedenen Wege. Beginnen wir mit einem Interview mit der Führungskraft.

Das Interview mit der Führungskraft

Dies ist sicherlich für alle Beteiligte die niederschwelligste Variante, um eine Stellenanzeige zielgruppengerecht und authentisch zu gestalten. Nachdem wir bereits zuvor mit der Führungskraft ein Experteninterview zur Erstellung des Anforderungsprofils geführt haben, kann ein weiteres Interview mit der Führungskraft zur geplanten Stellenanzeige erfolgen. Oder es werden gleich beide Interviews miteinander verbunden. Das Interview wird von HR durchgeführt. Die notwendigen Kenntnisse zur Unterscheidung zwischen Anforderungsprofil und Stellenbeschreibung liegen vor, ebenso das Know-how, gezielt vertiefende Fragen zu stellen. Die oben vorgestellten Elemente einer Stellenanzeige können als thematischer Leitfaden für die Abfolge des Interviews dienen.

Teambeschreibung: Im Interview mit der Führungskraft ist es hilfreich, zunächst zu erklären, dass wir dem Bewerber einen möglichst authentischen Eindruck von Team und Aufgaben geben möchten. Das hilft der Führungskraft, die nachfolgenden Fragen besser zu beantworten und ggf. weitere Punkte zu bringen.
- Beschreiben Sie bitte Ihr Team. Was macht es so besonders?
- Wie unterscheidet sich Ihr Team im Vergleich zu anderen Teams in unserem Unternehmen?

- Welche Merkmale unseres Unternehmens sind für Ihren Fachbereich besonders und prägen Ihre Arbeit.
- Welche Herausforderungen hat ihr Team täglich zu meistern? Was davon gelingt ihm besonders gut?

Aufgaben und Anforderungen: Bei der Beschreibung der Aufgaben und Anforderungen für eine Stellenausschreibung wollen wir einen Katalog vermeiden. Das Ziel besteht darin, eine authentische Darstellung der regelmäßig anfallenden Aufgaben zu finden. Über die Zielsetzung informieren wir die Führungskraft und geben dazu ein Beispiel. Das kann das Beispiel vom Buchhalter sein, der nicht überrascht ist, dass laut einer Stellenanzeige Kontieren und Buchen zu den Aufgaben eines Buchhalters gehören soll. Auf das gemeinsame Ziel eingeschwungen, können folgende Fragen gestellt werden:

- Woran erkennen Sie, dass Ihr Mitarbeiter einen guten Job macht?
- Welches sind die erfolgskritischen Aufgaben auf dieser Position? Wie muss ein Mitarbeiter sich verhalten, um diese Aufgaben zu erledigen?
- Welche Herausforderungen sind mit dieser Position verbunden und wie können sie Ihrer Meinung nach am besten bewältigt werden?
- Was hat ein erfolgreicher Mitarbeiter nach einem Jahr auf dieser Position erreicht? Woran messen Sie seinen Erfolg?

Abbinder: Im Interview zum Abbinder einer Stellenanzeige kann noch einmal gemeinsam geprüft werden, wie einfach der Erstkontakt zwischen Bewerber und Unternehmen gestaltet werden kann und wie nahbar der Fachbereich sich zeigen möchte. Eine Stelle, an der Führungskräfte oft zunächst zurückschrecken, da sie die Anzahl eingehender Anrufe von interessierten Bewerbern nicht einschätzen können. Aus der Erfahrung heraus hält sich die Anzahl der Anrufe in Grenzen. Soll der volle Terminkalender der Führungskraft nicht weiter strapaziert werden, kann als Ansprechpartner auch einer der zukünftigen Kollegen genannt werden, um einen besseren Eindruck von Aufgaben und Unternehmen zu bekommen. Es empfiehlt sich die Ansprechpartner im Fachbereich und die Führungskraft für solche Gespräche zu briefen. Eine Aufgabe, bei der HR seine eigenen Erfahrungen teilen kann.

Auf Basis dieses Interviews lässt sich im nächsten Schritt eine Stellenanzeige erstellen, die echte Einblicke in Aufgaben und Arbeitsumfeld der Stelle gibt. Dabei ist zu beachten, dass sie in einem positiv-motivierenden Ton verfasst wird. Schließlich ist sie weiterhin auch ein Marketinginstrument der Personalsuche und wird immer mit dem Blick auf potenzielle Bewerber geschrieben. Dies bedeutet, dass die Stellenanzeige so formuliert sein muss, dass Unternehmensexterne sie verstehen, und wissen, was gemeint ist.

Die eigentliche Ausformulierung kann bei HR liegen. Die HR-Kollegen können dabei auch auf eine rechtssichere Formulierung und die Einhaltung von Unternehmensstandards achten. Die so erstellte Stellenanzeige ist aber zwingend noch einmal von der Führungskraft gegenzulesen, bevor sie veröffentlicht wird. Noch besser wäre es an dieser Stelle, das zukünftige Team um ein Feedback zur Anzeige zu bitten.

8.4   Das Team einbinden

Um Feedback zu einer Stellenanzeige bitten: Neben der Führungskraft ist es durchaus sinnvoll, auch das Team bei der Erstellung der Stellenanzeige einzubinden. Sind doch die Teammitglieder selbst gewissermaßen Teil der Zielgruppe. In einem ersten Schritt werden ausgewählte Teammitglieder um ein Feedback zur einem Entwurf der Stellenanzeige gebeten werden, der aus den Antworten der interviewten Führungskraft entwickelt wurde. Um ein differenziertes Feedback zu erhalten, wird mit einem kurzen Fragenkatalog gearbeitet und die Teammitglieder einzeln befragt. So kann eine gegenseitige Beeinflussung der Teammitglieder vermieden werden. Praxiserprobte Fragen sind:

- Wie passend empfinden Sie die Teambeschreibung? Was möchten Sie ergänzen?
- Welche Punkte in dieser Stellenanzeige gefallen Ihnen besonders gut? Welche finden Sie weniger gut?
- Wie sehr entsprechen die Aufgaben und Anforderungen der ausgeschriebenen Stelle? Was fehlt?
- Würden Sie sich auf diese Stelle bewerben? Wie kommen Sie zu dieser Einschätzung?

Auf Basis des Feedbacks der verschiedenen Teammitglieder kann die Stellenanzeige geprüft und angepasst werden. Dazu werden die Rückmeldungen der Teammitglieder verglichen: Gab es vergleichbare Rückmeldungen oder Verbesserungsvorschläge? Zu beachten ist dabei, dass Teammitglieder anders auf Aufgaben und Anforderungen ihrer täglichen Arbeit blicken, als die jeweilige Führungskraft. Führungskräfte haben oftmals andere Aufgaben zu bewältigen und haben sich im Laufe ihrer Karriere von der operativen Arbeit entfernt.

Das Interview mit dem Team

Anstelle des Interviews mit der Führungskraft kann auch ein Interview mit dem Team durchgeführt werden. Ratsam ist das, wenn die Führungskraft sich von der operativen Arbeit in ihrem Team entfernt hat und entsprechend Aufgaben und Anforderungen aus einer anderen Perspektiv betrachtet. Abhängig von der Teamgröße können alle Teammitglieder interviewt oder einige Mitarbeiter ausgewählt werden. Wird eine Auswahl getroffen, kann auch denen der Vorzug gegeben werden, von denen man am liebsten mehr im Team haben möchte. Für das Interview werden die gleichen Leitfragen verwendet, die schon für das Interview mit der Führungskraft zum Einsatz kamen. Die Teammitglieder werden einzeln befragt, um eine gegenseitige Beeinflussung zu vermeiden.

HR erstellt aus den Antworten eine Stellenanzeige. Um den Entwurf der Stellenanzeige zu prüfen, kann – wie oben in beschrieben – Feedback eingeholt werden. Um Feedback können das gesamte Team, nur die zuvor interviewten oder gerade auch nur die nicht interviewten Teammitglieder gebeten werden.

Auch wenn in diesem Schritt vor allem das Team gefragt ist, sollte die Führungskraft nicht vernachlässigt werden. Sie sollte über die aktuellen Schritte informiert oder auch bei der Entwicklung der Stellenanzeige involviert werden. So kann neben einzelnen Teammitgliedern auch die Führungskraft interviewt und nachfolgend um Feedback zum Entwurf gebeten werden. Dieses Vorgehen ist gerade dann ratsam, solange das Recruitingteam in seinem Aufgabengebiet noch wenig Erfahrung gesammelt hat.

8.5   Im Teamcafé zielgruppengerechte Stellenanzeigen entwickeln

Nicht immer gelingt es mit der Methode »Interview«, die Besonderheiten einer Stelle und des Teams zu ermitteln. Das kann mitunter daran liegen, dass die interviewten Personen sich zuvor wenig mit der Thematik befasst haben und daher keine fundierten Antworten liefern können. In diesen Fällen kann das Workshopformat »Teamcafé« helfen. Das Teamcafé ist eine Variante des Formats Worldcafé und dient dazu, einen strukturierten Austausch zu einem Thema zu ermöglichen. In unserem Fall haben wir zwei Fragen:

* Was macht unser Team besonders?
* Was sind die größten Herausforderungen unserer täglichen Arbeit?

Einladung: Zum Teamcafé wird das gesamte Team eingeladen. Ob die Führungskraft ebenfalls eingeladen wird, sollte zuvor geprüft werden: Tritt eine Führungskraft eher dominant auf und neigt das Team dazu, sich in Anwesenheit der Führungskraft zurückhalten, sollte auf die Einladung der Führungskraft verzichtet werden. Eine Alternative besteht darin, die Führungskraft vor der Teilnahme zu briefen und ihr den Zusammenhang von intensiver Beteiligung des Teams, einem zurückhaltenden Auftreten der Führungskraft zum Zweck eines gelingenden Workshops mit dem Ergebnis einer zielgruppengerechten Stellenanzeige zu verdeutlichen.

Ablauf: Das Teamcafé startet damit, allen Teilnehmern das Ziel des Workshops zu vermitteln. Die drei wesentlichen Punkte sind:

*   Es geht um die Suche nach einem neuen Kollegen für Ihr Team.
*   Bei der Suche möchten wir das Team und die Stelle so authentisch wie möglich präsentieren, um für Sie den besten neuen Kollegen zu finden.
*   Deshalb möchten wir heute mit Ihnen zu den Herausforderungen Ihrer täglichen Arbeit sprechen und erfahren, was Sie als Team besonders macht.

Anschließend wird der Ablauf des Teamcafé erklärt. Das Team wird in kleine Gruppen geteilt. Jede Gruppe bearbeitet an einem separaten Tisch eine Aufgabenstellung.

Beispiel: Wir haben ein Team mit 12 Mitgliedern. Das Team wird in Gruppen geteilt. Die Gruppengröße sollte zwischen drei und fünf Personen liegen. Damit die Gruppen zeitgleich starten können, benötigen wir für jede Gruppe einen Tisch, an dem jeweils eine Frage diskutiert und beantwortet wird. Hat jede Gruppe ihre Antwort notiert, wechselt sie den Tisch und diskutiert die nächste Frage – bis jede Gruppe zu jeder Frage eine Antwort formuliert hat.

Vorbereitung: Zu Vorbereitung des Workshops wurden die Aufgabenstellungen formuliert und auf einem großen Blatt, z.B in der Größe eines Flipcharts, notiert. Jedem Tisch wird ein Blatt mit einer Aufgabenstellung zugeordnet. Die einzelnen Gruppen schreiben ihre Antwort auf das Blatt. So füllt sich Runde für Runde das Blatt und am Ende des Workshops können alle Ergebnisse zu einer Aufgabenstellung auf einem Blatt betrachtet werden.

Abb. 11: Vorlage für Aufgabenstellung Teamcafé

Aufgabenstellung: Die Fragen, die an den Tischen diskutiert und beantwortet werden, richten sich vor allem auf zwei Elemente der Stellenanzeige: Teambeschreibung sowie Aufgaben und Anforderungen.

Die Aufgabenstellung kann folgendermaßen formuliert werden:
- Erinnern Sie sich an besonders schöne und einprägsame Ereignisse, die Sie gemeinsam in Ihrem Team erlebt haben. Bitte teilen Sie mindestens eines dieser Ereignisse ihrer Gruppe mit.
- In welchen Situationen waren Sie besonders stolz, ein Teil Ihres Teams zu sein? Was waren das für Situationen und was macht sie so besonders? Bitte teilen Sie mindestens eine dieser Situationen Ihrer Gruppe mit.
- Wenn Sie auf die letzten Jahre zurückblicken: Was haben Sie gelernt und wie ist es Ihnen gelungen, mit Veränderungen in Ihrem Berufsumfeld umzugehen. Bitte teilen Sie mindestens eine dieser Erfahrungen Ihrer Gruppe mit.
- Erinnern Sie sich bitte an besonders knifflige berufliche Situationen, die Sie erfolgreich gelöst haben. Was waren das für Situationen und wie konnten Sie diese lösen? Bitte teilen Sie mindestens eine dieser Situationen Ihrer Gruppe mit.

Jede Aufgabenstellung erhält zudem eine Konkretisierung in Form eines Arbeitsauftrags. Der Arbeitsauftrag wird ebenfalls auf dem Blatt notiert. Dadurch wird sichergestellt, dass in jeder Runde die Gruppenbeiträge notiert werden.

Der Arbeitsauftrag kann folgendermaßen formuliert werden:

- Wenn Sie mögen, notieren Sie dieses Ereignis auf dem Aufgabenblatt, um es später mit dem gesamten Team zu teilen. Sie können dabei anonym bleiben. Es ist nicht notwendig ihren Namen mit anzugeben.
- Nachdem jeder von Ihnen seine schönsten Ereignisse in der Gruppe geteilt und aufgeschrieben hat, wählen Sie bitte gemeinsam das Ereignis aus, dass Sie alle am meisten bewegt hat. Kreisen Sie dieses Ereignis auf dem Aufgabenblatt ein.

Ablauf (Fortsetzung): Die Gruppen wurden gebildet, haben sich jeweils einen der Tische gesetzt und nun 15 Minuten Zeit, um sich zur jeweiligen Fragestellung auszutauschen. Die Erfahrungen werden schriftlich festgehalten, um sie später den anderen Gruppen mitzuteilen, vorausgesetzt, die jeweilige Person, von der die Erfahrungen stammt, ist einverstanden. Kurz vor Ablauf der Zeit markiert jede Gruppe das Beispiel bzw. die Erfahrung, die sie hinsichtlich der Aufgabenstellung für am bedeutetensten hält.

Für die nächsten Runde werden die Teilnehmer gebeten, sich einen neuen Tisch auszuwählen. Die Gruppen der ersten Runde können sich auflösen und sich neu bilden. Auf aufwändige Verfahren zur Gruppenbildung sollte verzichtet werden. Ganz im Sinne der Selbstverantwortung und Selbstorganisation wird darauf vertraut, dass das Team in der Lage ist, die beiden folgenden Anforderungen selbstständig zu erfüllen:

- Wechseln Sie bitte an einen Tisch, an dem Sie noch nicht waren.
- Bilden Sie mit Teammitgliedern, mit denen Sie noch nicht gesprochen haben, eine neue Gruppe.

Nicht immer ist es möglich, die zweite Anforderung einzuhalten. Dies ist nicht weiter dramatisch. Wichtig ist eine gute und selbstgesteuerte Mischung der Gruppen zu Beginn und solange es möglich ist.

Haben sich die neuen Gruppen an den Tischen eingefunden, startet die nächste Runde, die mit anderern Aufgabenstellung, ansonsten analog zur ersten Runde abläuft. Nach Ablauf von 15 Minuten erfolgt ein weiterer Tischwechsel und eine Neubildung der Gruppen usw. Pro Tisch gibt es eine Runde.

Der erste Teil des Workshops schließt mit der letzten Runde. Eine 10-minütige Pause hilft den Teilnehmern sich kurz zu erholen, bevor es weitergeht.

Im zweiten Teil des Workshops werden die Ergebnisse zusammengetragen und vorgestellt. Dazu bitten wir die Teilnehmer an den Tisch zurückzukehren, an dem sie in der letzten Runde waren. Jede Gruppe präsentiert die auf dem Blatt notierten Ergebnisse aus allen Runden, insbesondere die markierten Ereignisse und Situationen.

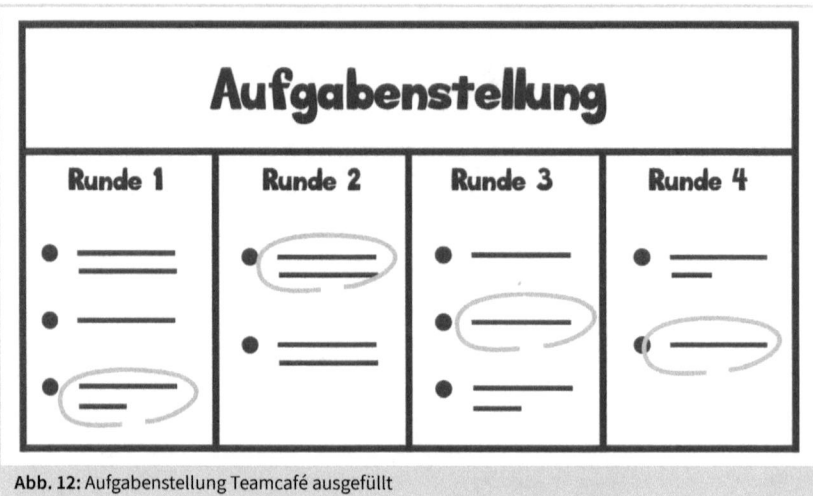

Abb. 12: Aufgabenstellung Teamcafé ausgefüllt

Die erste Gruppe stellt die vier markierten Ergebnisse zur ersten Aufgabenstellung dem Team vor. Anschließend werden in der großen Teamrunde zwei Fragen diskutiert.

Frage 1: Sind die vorgestellten Ergebnisse für das Team bzw. den beruflichen Alltag repräsentativ? Diese Frage kann durch das Team mit einem einfachen Daumenvoting beantwortet werden. Daumen hoch steht für Ja, Daumen runter für Nein. Anschließend werden die Teammitglieder, die mit Nein gestimmt haben, gebeten, zu erklären , wieso sie die Ergebnisse für nicht repräsentativ halten. Oftmals verbergen sich in der Erklärung noch wertvolle und hilfreiche Ergänzungen.

Frage 2: Wird das Team bzw. die Aufgabe durch die ausgewählten Antworten gut beschrieben und fehlt evtl. etwas? Erfahrungsgemäß werden an dieser Stelle selten Punkte ergänzt, dennoch ist es ratsam, ein anfängliches Schweigen im Team auszuhalten, um auch eher zurückhaltenden Teammitgliedern die Chance zu geben, sich zu melden. Anschließend kann mit der Vorstellung der Ergebnisse der zweiten Aufgabenstellung fortgefahren werden. Der Workshop endet, nachdem alle markierten

Antworten zu Aufgabenstellung vorgestellt und mittels der zwei zuvor genannten Fragen, diskutiert, vertieft und evt. erweitert wurden.

Entwurf der Stellenausschreibung: Anhand der Ergebnisse aus dem Workshop erstellt HR einen Entwurf der Stellenausschreibung. Das Team oder einzelne Mitgliedern können am Entwurf mitarbeiten. Ratsam ist eine abschließende Feedbackschleife mit dem Team und der Führungskraft, um sicherzugehen, dass die Ergebnisse aus dem Workshop richtig interpretiert wurden und in in der Stellenanzeige stimmig berücksichtig wurden.

Sicherlich erscheint ein Workshop im Vergleich zu den zuvor genannten Interviews auf den ersten Blick wesentlich aufwändiger. Bedenken wir aber, dass wir in einem Termin Informationen zu unseren Fragen aus dem gesamten Team erhalten, relativiert sich der zeitliche Einsatz für Planung und Durchführung. Zudem erzielen wir mit dem Teamcafé zwei positive Nebeneffekte. Zum einen trägt der Workshop zur Teambildung bzw. Teamstärkung bei und zum anderen ist es für die weiteren Recruitingprozess hilfreich, das Team möglichst früh einzubinden. Dadurch erhöhen wir die Bereitschaft des Teams den weiteren Recruitingprozess zu unterstützen. Auch fördern wir bereits jetzt die Akzeptanz des neuen, noch unbekannten Kollegen, indem in dieser frühen Phase der Personalsuche das Team beginnt, sich gedankliche mit einem neuen Kollegen auseinanderzusetzen.

Das wichtigste aus Kapitel 8   **!**

- Die Stellenanzeige ist nicht das innovativste Element der Personalsuche, aber das bekannteste und meist akzeptierte.
- Eine Stellenausschreibung ist kein Bestellschein für einen neuen Mitarbeiter. Vielmehr ist sie als Personalmarketinginstrument zu sehen.
- Für eine authentische Gestaltung empfiehlt sich die Einbindung des Recruitingteams und der zukünftigen Kollegen.
- Der Grad der Einbindung des Recruitingteams bzw. der zukünftigen Kollegen kann durch unterschiedliche Methodenwahl schrittweise erhöht werden.
- Eine Stellenausschreibung soll Aufgabe, Team und Unternehmen authentisch beschreiben, sodass der Bewerber einen möglichst transparenten Einblick erhalten kann.

9 Vorauswahl

Der erste Schritt im Auswahlverfahren beginnt mit der Sichtung eingehender Bewerbungsunterlagen. Dabei ist es gar nicht so einfach, anhand einer Bewerbungsmappe eine Auswahlentscheidung zu treffen.

Es fehlt an verlässlichen, validen Auswahlkriterien. Abschlussnoten und Arbeitszeugnisse gaukeln eine trügerische Sicherheit vor. Sie bewerten eine Arbeitsleistung in der Vergangenheit, in einem anderen Team, in einem ganz anderen Unternehmen und sind zudem durch den subjektiven Blick der vorherigen Führungskraft geprägt. Lebensläufe und Anschreiben sind auch immer Teil einer Selbstinszenierung des Bewerbers, der nicht zuletzt durch Bewerbungsratgeber gelernt hat, sich im bestmöglichen Licht zu präsentieren. Zu guter Letzt ist jede Bewerbung anders. Sie unterscheiden sich u. a. in der formalen Gestaltung und dem Detaillierungsgrad, mit dem die verschiedenen Positionen im Lebenslauf beschrieben werden.

Schon jetzt sollten die ersten Zweifel an der Aussagekraft einer Bewerbungsmappe und der Vergleichbarkeit verschiedener Bewerbungen aufkommen. Hinzu kommt noch, dass sich im Laufe der Zeit Annahmen und Auswahlroutinen bei Personalentscheidern entwickelt haben, die vor allem auf Bauchgefühl und persönliche Vorlieben zurückzuführen sind. Mit Auswahlkriterien wie Eselsohren in den Bewerbungsunterlagen, übersichtlicher Aufbau des Lebenslaufes und dem Gesichtsausdruck auf dem Bewerbungsfoto wird vielmehr überprüft, inwieweit ein Bewerber die für allgemeingültige Bewerbungsstandards gehaltenen persönlichen Vorlieben erfüllt. Vereinfacht richtet sich eine solche Vorauswahl an dem Kriterium »Wie gut kann sich der Kandidat bewerben« aus. Eine Aussagekraft zur Passung auf die offene Stelle liefert dieses Vorgehen aber nur in den seltensten Fällen.

Oftmals wird nicht erkannt, dass die Personalauswahl auf Basis persönlich gesetzter Standards erfolgt, die nur wenig mit der eigentlichen Jobpassung zu tun haben. Vielmehr erhält der Personalentscheider Bestätigung für sein Vorgehen. Schließlich hat er es immer schon so gemacht und hat dabei immer die besten Kandidaten eingestellt. Dies kann als eine Art selbsterfüllende Prophezeiung gesehen werden.

Die Vorauswahl geeigneter Kandidaten ist dennoch immer mit Unsicherheit verbunden. Sollte z. B. ein ungeeigneter Kandidat versehentlich zum Interview eingeladen werden, dann besteht immer noch die Chance, diese Fehleinschätzung nach dem Interview zu korrigieren. Anders verhält es sich, wenn einer der wenigen, richtig gut passenden Bewerber bereits in der Vorauswahl eine Absage erhält und gar nicht zum Gespräch eingeladen wird. Ein solcher Fehler kann nicht bemerkt und später behoben werden. Abgelehnte Bewerber werden ja nach der Absage nicht doch noch einmal auf eine mögliche Passung untersucht.

Dieser Fehler wird in der Statistik als Fehler der 2. Art beschrieben. Da dieser Fehler im Auswahlverfahren nicht korrigiert werden kann bzw. gar nicht bemerkt wird, geht hier oftmals ein großes Potenzial an guten Bewerbern verloren.

Einschätzung des Bewerbers als...	Bewerber ist objektiv...	
	nicht geeignet	geeignet
geeignet	Fehler 1	richtige Entscheidung
nicht geeignet	richtige Entscheidung	Fehler 2

Abb. 13: Fehler 2. Art in der Personalauswahl (vgl. Kanning 2019)

In Kapitel 7 »Die Anforderungsanalyse« haben wir darüber gesprochen, wieso es eine kompetenzbasierte Personalauswahl braucht und wie ein kompetenzbasiertes Anforderungsprofil erstellt werden kann. Dabei wurde deutlich, dass Qualifikationsmerkmale wie Abschlüsse und Zertifikate weniger stark in der Personalauswahl berücksichtig werden sollten, als es heute gängige Praxis ist. Die üblichen Bewerbungsunterlagen bestehen aber zum größten Teil eben genau aus Zeugnissen und Zertifikaten, die als Nachweis für eine erworbene fachliche Qualifikation stehen. Auf Basis des erstellten Anforderungsprofils ist bei der Sichtung der eingehenden Bewerbungsunterlagen daher genau zu prüfen, welche Merkmale bei der Auswahl herangezogen werden.

Genauso wichtig ist es, dass die richtigen Kriterien für die Erstauswahl herangezogen werden. Hier liegt ein großes Fehlerpotenzial, denn viele angewandte Auswahlkriterien lassen bei weitem nicht die Rückschlüsse auf Jobpassung und Leistungsfähigkeit zu, wie zunächst vermutet.

Auswahlmethode	Validität in %	
	Schätzung der Personalentscheider	Tatsächliche
Bewerbungsunterlagen		
Lebensalter	30	>1
Gesamtnote Schule	27	2
Gesamtnote Studium	35	12
Berufserfahrung	54	7
Vielfalt Berufserfahrung	52	19

Abb. 14: Validität von Bewerbungsunterlagen (vgl. Varelmann/Kanning 2018, abgewandelte Darstellung mit gerundeten Werten)

Die Übersicht »Validität von Bewerbungsunterlagen« zeigt, wie Personalentscheider die Validität einzelner Merkmale von Bewerbungsunterlagen einschätzen. Die Validität gibt dabei Aufschluss, wie gut sich das jeweilige Merkmal zur Einschätzung von zukünftigem Erfolg im Job eignet. Bereits auf den ersten Blick wird deutlich, dass sich die Schätzungen der Personalentscheider deutlich von den wissenschaftlichen Untersuchungen unterscheiden.

Dem Merkmal *Lebensalter* wird von den Entscheidern beispielsweise eine Validität von 30 unterstellt, wissenschaftlich lässt sich aber kaum ein Zusammenhang zwischen Lebensalter und Joberfolg nachweisen. Mit einer Validität von kleiner eins ist das Lebensalter in diesem Fall zu vernachlässigen.

Insgesamt ist die tatsächliche Validität von Bewerbungsunterlagen recht gering. Es lohnt sich ein Blick auf die Merkmale *Gesamtnote Studium* und *Vielfalt Berufserfahrung*. Die Gesamtnote Studium ist vor allem dann bedeutend, wenn das Studium noch nicht sonderlich weit in der Vergangenheit zurückliegt. So eignet sich dieses Merkmal für Bewerber, die noch am Anfang ihrer beruflichen Laufbahn stehen, weniger jedoch bei seniorigen Kandidaten, bei denen das Studium oftmals Jahrzehnte zurückliegt. Ein guter oder sogar sehr guter Studienabschluss ist dabei vor allem als Nachweis für Intelligenz zu betrachten. Intelligenten Menschen gelingt es leichter, neue Aufgaben zu lösen und schwierige Sachverhalte zu durchdringen. Diese Kompetenz lässt sich vergleichsweise leicht auf neue Situationen und Fachgebiete übertragen, sodass die Fachrichtung des gewählten Studienganges ein wenig an Bedeutung verliert.

Interessant ist, dass bei der Berufserfahrung die Vielfalt eine deutlich höhere Prognose auf Passung und Joberfolg zulässt als die Berufserfahrung allein. Dies ist u. a. darin begründet, dass durch vielfältige Erfahrungen die Facetten eines Jobs oftmals besser durchdrungen wurden. Betrachten wir einen Kandidaten, der seit 15 Jahren die gleiche Aufgabe in einem Unternehmen ausübt. Sicherlich ist dieser Kandidat ein absoluter Spezialist für exakt die Aufgabe geworden, die er bereits seit Jahren ausübt. Sofern dieser Kandidat in einem anderen Unternehmen genau die gleichen Aufgaben unter den gleichen Rahmenbedingungen übertragen bekommt, wird er auch dort als Spezialist gelten und für seine gute Arbeit geschätzt. Abgesehen davon, dass es sehr unwahrscheinlich ist, bei einem Jobwechsel die gleichen Arbeitsbedingungen wie in der vorherigen Position vorzufinden, ist nicht davon auszugehen, dass sich Arbeitsinhalte und Aufgaben nicht fortlaufend ändern werden.

Bewerbern, die in ihrer beruflichen Laufbahn unterschiedliche Positionen ausgeübt haben, fällt es leichter mit Veränderungen umzugehen und Zusammenhänge in ihrem Bereich zu verstehen. Übertragen wir das auf die Position eines Buchhalters bedeutet dies, dass seine Eignung vermutlich höher zu bewerten ist, wenn er verschiedene Positionen und Aufgaben, wie z. B. Reisekostenabrechnung, Kreditoren- und Debitorenbuchhaltung sowie Bilanzierung innehatte. Das Ganze könnte noch durch einen kurzen Ausflug in das Controlling abgerundet werden.

Zusammengefasst haben wir es bei der Vorauswahl geeigneter Bewerber vor allem mit zwei Problemen zu tun. Zum einen wird die Aussagekraft von Bewerbungsunterlagen allgemein überschätzt und es bestehen nur wenige valide Eignungsmerkmale, die für eine Vorauswahl herangezogen werden können. Zum anderen ist eine kompetenzbasierte Vorauswahl allein durch die Analyse der Bewerbungsunterlagen nicht möglich. Dieses Problem ist in Abhängigkeit von der Menge an eingehenden Bewerbungen unterschiedlich zu lösen.

9.1 Vorauswahl bei hohem Bewerbungseingang

Geht eine Vielzahl von Bewerbungen ein, so ist es unerlässlich, eine Vorauswahl zu treffen. Im ersten Schritt geht es darum, die besten Bewerber schnell und ohne großen Aufwand zu identifizieren, um sich dann mit den erfolgversprechendsten Kandidaten intensiver beschäftigen zu können. Eine kompetenzbasierte Selektion ist an dieser Stelle noch nicht möglich, daher kann nur auf die Qualifikationsmerkmale zurückgegriffen werden, die zuvor in der Anforderungsanalyse definiert wurden.

In den häufigsten Fällen dürften dies relevante Berufserfahrung, bestimmte Ausbildungen und Schulabschlüsse sein. Ebenso kann es weitere Qualifikationen geben, die zwingend nötig und gleichzeitig leicht zu prüfen sind, wie z. B. der Besitz einer Fahrerlaubnis oder eines Gesundheitszeugnisses.

Mit einem Blick auf die Übersicht »Validität von Bewerbungsunterlagen« wird nochmal deutlich, dass für die Vorauswahl Abschlussnote und vor allem die Vielfalt an Berufserfahrung als Auswahlkriterium geeignet sind.

Allein anhand dieser beiden Auswahlkriterien sollte es möglich sein, aus einer großen Menge an Bewerbungen die erfolgversprechendsten Bewerbungen auszuwählen. Erst recht, wenn noch weitere Qualifikationsmerkmale die eindeutig zu überprüfen sind, wie z. B. ein Führerschein, herangezogen werden. Wichtig ist, dass wir an dieser Stelle relevante und valide Auswahlkriterien nutzen, um eine bestmögliche Vorauswahl zu betreiben. Ist eine weitere Selektion der eingegangenen Bewerbungen notwendig, können weitere Auswahlkriterien wie z. B. Sprach- und EDV-Kenntnisse die Auswahl weiter einschränken. Dabei sollten wir uns aber bewusst sein, dass diese Kriterien nicht immer valide und objektiv sind.

Wird beispielsweise in einer Bewerbung von guten Excel-Kenntnissen gesprochen, so ist nicht nur unklar wie diese guten Kenntnisse mit den Kenntnissen anderer Bewerber verglichen werden können, fraglich ist auch, ob alle Bewerber den gleichen Maßstab zur Bewertung nutzen. Folglich steigt die Gefahr einen Fehler der 2. Art zu begehen, wenn Auswahlkriterien herangezogen werden, die nur schwer unter den eingegangenen Bewerbungen zu vergleichen sind.

Dieses Vorgehen kann dennoch zweckmäßig sein, schließlich kann nicht mit jedem Bewerber ein ausführliches Interview geführt werden. Aus diesem Grund treffen wir eine Vorauswahl. Den Personalentscheidern muss aber bewusst sein, wann und wie die Qualität der Vorauswahl leidet, um eine angemessene Balance aus Zweckmäßigkeit und professioneller Personalauswahl zu finden. Je nachdem wie Unternehmen technisch aufgestellt sind, können auch moderne Bewerbermanagementsysteme die Vorauswahl erleichtern oder gar vollends automatisieren. Auch hier gilt es die Parameter für eine Vorauswahl bewusst zu wählen. Ansonsten laufen wir Gefahr, dass ein automatisiertes Vorgehen mehr einer Zufallsauswahl als einem validen Ergebnis gleicht.

Im nächsten Schritt empfiehlt es sich zudem, im Rahmen der Vorauswahl ein kurzes Telefoninterview zu führen und erst dann zu entscheiden, welche Bewerber zu einem Vorstellungsgespräch eingeladen werden.

9.2 Vorauswahl bei geringem Eingang

Bei einem niedrigen Bewerbungseingang stoßen wir auf ganz andere Herausforderungen. Zwar ist auch hier die Gefahr des Fehlers der 2. Art gegeben, haben aber nur wenige Bewerber ihr Interesse an einer Stelle bekundet und eine Bewerbung eingereicht, ist eine Vorauswahl der besten Kandidaten nicht weiter nötig. Sind beispielsweise lediglich fünf Bewerbungen für eine Position eingegangen, ist es an dieser Stelle wenig sinnvoll, eine Selektion der besten zu betreiben. Auch wenn unter diesen fünf Bewerbungen ein Kandidat nach Sichtung der Bewerbungsunterlagen als besonders geeignet erscheint, ist es hilfreich mit allen Kandidaten ein kurzes Gespräch in Form eines Telefoninterviews zu führen. Schließlich sind Aussagekraft und Vergleichbarkeit von Bewerbungsunterlagen nur schwer zu bewerten. Zudem kann der Zeitaufwand für fünf Telefoninterviews von z. B. je 30 Minuten als eher gering bewertet werden.

Ein kurzes Telefonat empfiehlt sich an dieser Stelle auch dann, wenn ein Bewerber auf Basis seiner Unterlagen als weniger geeignet erscheint. Durch ein kurzes Interview lässt sich ein besserer Eindruck vom Bewerber gewinnen und die wichtigsten Anforderungen können gezielt erfragt werden. Anschließend kann eine Entscheidung getroffen werden, mit welchen Kandidaten die Gespräche vertieft werden.

Ein geringer Bewerbereingang ist sicherlich allein schon ein unbefriedigendes Ergebnis. Das gilt erst recht, wenn die eingehenden Bewerbungen als eher unpassend erscheinen. An dieser Stelle gilt es, Ursachenforschung zu betreiben. Dies kann u. a. im Rahmen des Telefoninterviews erfolgen. Die Bewerber können beispielsweise befragt werden, welchen Eindruck sie von der ausgeschriebenen Stelle und dem Unternehmen in der Ausschreibung gewonnen haben und welche Punkte aus der Ausschreibung sie besonders angesprochen haben. Anschließend erfolgt ein Abgleich zwischen den Botschaften, die bei den Bewerbern angekommen sind, und den Informationen, die durch die Stellenanzeige transportiert werden sollten. Es ist auch zu hinterfragen, ob die Informationen aus der Anzeige für die Bewerber relevant sind und welche weiteren Informationen sie sich darüber hinaus wünschen.

Fragen für das Telefoninterview:
*   Was hat Sie an der ausgeschriebenen Stelle am meisten angesprochen? Welche Erwartung haben Sie damit verbunden?
*   Was denken Sie, wie würde Ihr Arbeitsalltag bei uns aussehen?
*   Was gefällt Ihnen an der Position des … am besten?
*   Welche Fragen hatten Sie, als Sie die Anzeige das erste Mal gelesen haben?
*   Was wünschen Sie sich von Ihrem neuen Arbeitgeber?

Das Telefoninterview und die anschließende Auswertung können in Kooperation mit dem Personalmarketing erfolgen. Es erscheint sinnvoll, dies für jede Stelle einzeln, oder vielleicht auf der Ebene einzelner Unternehmensbereich zu tun. Schließlich unterscheiden sich Erwartungen und Ansprüche innerhalb der verschiedenen Zielgruppen. Vertriebler wünschen sich beispielsweise andere Informationen zu Stelle und Unternehmen als die Zielgruppe der Buchhalter. Ziel der Aktion ist es, Unternehmen und Stelle bestmöglich auf die jeweilige Zielgruppe abzustimmen. Gleichzeitig ist es wichtig, weiterhin authentisch und glaubwürdig zu sein. Personalmarketing und Ausschreibung dürfen dabei keine falsche Erwartungshaltung erzeugen. Ein schillerndes Marketing füllt vielleicht den Bewerbereingang, aber bereits nach den ersten Gesprächen dürften Kandidaten abspringen, wenn sie nicht das geboten bekommen, was ihnen zuvor versprochen wurde.

Nach den Telefoninterviews sollte zum einen Klarheit darüber bestehen, welcher der Kandidaten als geeignet erscheint und ob ein weiteres Gespräch lohnend ist. Zum anderen wurden einige Informationen gewonnen, wie das Unternehmen und das Jobangebot am Markt aufgenommen werden. Nach einer sorgfältigen Analyse ist es ggf. notwendig im Recruitingprozess einen Schritt zurück zu gehen und Stellenausschreibung und Personalmarketingaktivitäten anzupassen oder einem Feinschliff zu unterziehen. Wir handeln an dieser Stelle ganz im Sinne des PDCA-Zyklus, in dem wir die neue Situation analysieren und den Gegebenheiten anpassen, die wir vorfinden.

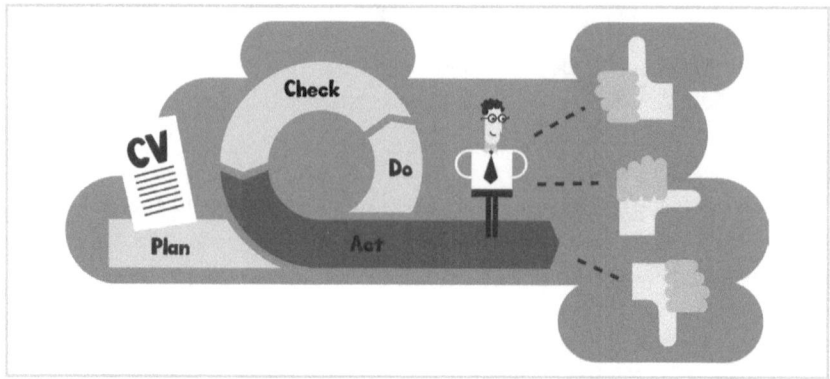

Sollte unsere Analyse zu dem Schluss kommen, dass ein geringer Bewerbereingang darauf zurückzuführen ist, dass wir auf der Suche nach Fachkräften sind, die gerade besonders rar oder gar nicht am Arbeitsmarkt verfügbar sind, wird eine Überarbeitung von Stellenanzeigen und Marketingaktivitäten wenig erfolgreich sein. In einer solchen Situation bleiben dem Unternehmen zwei Möglichkeiten. Die erste ist post and pray – also abwarten und beten, dass sich bald ein passender Kandidat bewirbt. Eine Variante, die durchaus legitim ist, vor allem dann, wenn die Besetzung einer offenen Stelle nicht dringlich ist. Oftmals verhält es sich aber anders. Offene Positionen sind schnellstmöglich zu besetzten. Dabei können die Erkenntnisse aus den Telefoninterviews hilfreich sein. Sie spiegeln die Situation, wie sie ist, wider. Daran ist erkenntlich, welche Fähigkeiten und Kompetenzen am Arbeitsmarkt zur Verfügung stehen. Die Situation zu analysieren, stellt die zweite Möglichkeit dar. Daraus können sich Hinweise ergeben, ob und wie das erstellte Anforderungsprofil zu überprüfen ist.

Dabei geht es nicht darum, das Anforderungsprofil aufzuweichen. Vielmehr geht es darum, das Profil weiter zu schärfen und zwischen Eignungsmerkmalen zu unterscheiden, die zwingend notwendig sind, und jenen, die später im Rahmen einer Anstellung vermittelt und trainiert werden können. Ein Unternehmen verschafft sich auf diese Weise die Möglichkeit sich für einen Kandidaten zu entscheiden, auch wenn er noch ein ganzes Stück vom gesuchten Idealkandidaten entfernt ist.

Zugleich lassen sich Aufwand und Anstrengungen, die zur weiteren Qualifizierung des dann neu eingestellten Mitarbeiters nötig sind, schätzen und bewerten. Im Sinne des PDCA-Zirkels gehen wir folglich gleich zwei Schritte im Recruitingprozess zurück und starten mit der Anforderungsanalyse und durchlaufen ggf. im Anschluss erneut die Stellenausschreibung.

9.3   Das Telefoninterview in der Vorauswahl

Gehen wir im Auswahlverfahren einen Schritt weiter. Inzwischen sollte eine über-schaubare Anzahl an Kandidaten identifiziert worden sein, mit denen weitere Gespräche geführt werden sollen. Bevor aber zu einem persönlichen Vorstellungs-gespräch vor Ort eingeladen wird, empfiehlt sich ein kurzes Telefoninterview. Der Begriff Telefoninterview soll dabei synonym für verschiedene Kommunikationsmit-tel wie z. B. auch Video-Calls stehen, die einen schnellen und einfachen Austausch im Auswahlprozess ermöglichen.

Das Telefoninterview soll genutzt werden, um im Sinne einer effizienten Perso-nalauswahl unter den vorselektierten Bewerbern diejenigen zu identifizieren, mit denen vertiefenden Auswahlgespräche geführt werden. Schließlich sind Vorstel-lungsgespräche für alle Beteiligte zeitintensiv und können hohe Reisekosten für Bewerber und das Recruitingteam verursachen. Zur Vorbereitung wählen wir ein iteratives Vorgehen und stellen uns die Frage, welche Information wir vom Bewerber noch benötigen, um eine bessere Entscheidung über Absage oder Einladung treffen zu können. Grundlage ist auch hier das zuvor erstellte Anforderungsprofil. Um mit vielen Bewerbern persönlich zu sprechen, sollte das Telefoninterview ressourcen-schonend und effizient aufgebaut werden.

Dies bedeutet zum einen, dass die Interviewer einen ersten Eindruck zu den wich-tigsten Kompetenzen für die zu besetzenden Stelle gewinnen und gezielte Fragen stellen. Zum anderen sind die nötigen Qualifikationsmerkmale zu prüfen. Unabhän-gig davon, ob sie bereits aus den Bewerbungsunterlagen zu entnehmen sind. Deut-lich wird dies am Beispiel des Führerscheins. Gibt der Bewerber in seinen Unterla-gen an, eine Fahrerlaubnis zu besitzen, so ist im Telefoninterview zu erfragen, für welche Fahrzeugklassen die Fahrerlaubnis gilt. Sollte für die ausgeschriebene Stelle zwingend eine PKW-Fahrerlaubnis notwendig sein, ist es wenig hilfreich, wenn der Kandidat nur über einen Mofa-Führerschein verfügt. Ähnliches gilt für IT- und Sprachkenntnisse. Auch wenn verhandlungssichere Englischkenntnisse in der Vita angegeben wurden ist es ratsam, die Sprachkenntnisse des Bewerbers zu testen, bevor er zu einem persönlichen Vorstellungsgespräch vor Ort eingeladen wird.

Ein Abgleich der nötigen Qualifikationsmerkmale im Telefoninterview ist vergleichs-weise einfach. Schwieriger ist es, die erforderlichen Kompetenzen zu erfragen und eine Vergleichbarkeit zwischen den verschiedenen Bewerbern herzustellen. Berufswege und Erfahrungen können zwischen den Bewerbern so stark variieren, dass es nur schwer möglich ist, einen objektiven Bewertungsmaßstab anzulegen, der allen Bewerbern gerecht wird. Daher sollte neben standardisierten Fragen zu Qualifikationsmerkmalen und den wichtigsten Kompetenzen jedes Interview individuell vorbereitet werden. Die Vorbereitung wird von der Frage getragen, welche Informationen noch nötig sind, um eine Entscheidung über Absage oder Einladung treffen zu können.

Ein Telefoninterview bietet auch Bewerbern die Möglichkeit, mehr über die Stelle und das Unternehmen zu erfahren. Für die Planung der Telefoninterviews ist es daher ratsam einen entsprechend Zeitslot für die Fragen des Bewerbers einzuplanen. Schließlich geht es nicht nur darum, wie sehr ein Bewerber zu den Anforderungen eines Unternehmens passt. Es geht auch darum, ob die Erwartungen und die Vorstellungen, die der Bewerber mit der ausgeschriebenen Stelle verbindet, vom Unternehmen erfüllt werden können. Ein erster kurzer Abgleich hilft auch hier, die wichtigsten Eckpunkte zu prüfen und Klarheit über die Aufgabe und Position zu verschaffen. Für den nächsten Auswahlschritt werden dann nicht nur die am besten geeigneten Kandidaten identifiziert, sondern auch die, die weiterhin ein Interesse an der neuen Stelle haben.

9.4   Die Einbindung des Teams

Auf den ersten Blick erscheint es ein wenig widersprüchlich, wenn wir von einer effizienten und ressourcenschonenden Vorauswahl sprechen und zeitgleich vor jeder Einladung zu einem persönlichen Vorstellungsgespräch ein Telefoninterview ansetzen. Ein Recruitingprozess, in dem direkt zu einem Vorstellungsgespräch geladen wird, erscheint schlanker. Mit diesem Vorgehen steigt aber auch die Wahrscheinlichkeit, unpassende Kandidaten zu einem Gespräch einzuladen, die nach einem kurzen Telefoninterview vermutlich nicht eingeladen worden wären. Andererseits ist es bei einer kompetenzbasierten Personalauswahl und im Kampf um die besten Talente unerlässlich, Auswahlentscheidungen nicht allein auf Basis von Bewerbungsunterlagen zu treffen. Folglich steigt die Anzahl der Telefoninterviews in der Vorauswahl. Eine Aufgabe, die von HR allein nicht immer gestemmt werden kann und auch nicht sollte.

In der Vorauswahl ist das Team gefragt, das sich auf der Suche nach einem neuen Kollegen befindet. Auch in diesem Schritt im Recruitingprozess liegt die Stärke des

Teams darin, Bewerbern authentische Einblicke in Aufgabe und Team zu geben. Die Fragen der Bewerber lassen sich auf diese Weise besser und vor allem glaubhafter beantworten, als es durch HR oder Führungskraft der Fall ist. Bei der Einbindung des Teams in die Vorauswahl können wir verschiedenen Stufen der Selbstorganisation unterscheiden. Die Spanne erstreckt sich von der Einbindung einzelner Mitarbeiter aus dem Team in die Telefoninterviews bis hin zur vollständigen Übernahme des gesamten Vorauswahlprozesses.

Stufe 1: In einem ersten Schritt der Einbindung des Teams kann die Vorauswahl der Kandidaten weiterhin durch HR erfolgen. Selbstverständlich kann dies auch in Abstimmung mit der Führungskraft erfolgen. Wurde anhand der Bewerbungsunterlagen eine Vorauswahl getroffen, kann das Team die nun folgenden Telefoninterviews begleiten. Es unterstützt vor allem bei den Fragen der Bewerber zu Aufgabe und dem Team. Die Gesprächsführung und das Erfragen der wichtigsten Kompetenzen verbleiben bei HR. In dieser Konstellation führen folglich zwei Mitarbeiter die Telefoninterviews. Der Vorteil liegt darin, dass der HR-Kollege und das Teammitglied sich im Anschluss an das Interview über das Gehörte austauschen können. Die Entscheidung über den nächsten Schritt – Absage oder Einladung – unterliegt damit nicht mehr dem subjektiven Eindruck einer Person.

Stufe 2: Eine stärkere Einbindung des Teams kann darin bestehen, dass die Telefoninterviews vollständig von den Mitgliedern des suchenden Teams geführt werden. Der erste Schritt der Vorauswahl verbleibt aber weiterhin bei HR und der Führungskraft, sodass dem Team nur die Bewerber präsentiert werden, mit denen ein Telefoninterview geführt werden soll. Dieser Schritt setzt voraus, dass im Team eine gewisse Erfahrung im Führen von Interviews und der Anwendung von Fragetechniken besteht. Diese Erfahrung kann gesammelt werden, indem Teammitglieder in den Interviews, wie zuvor beschrieben, bei den Fragen der Bewerber unterstützen.

Stufe 3: Schrittweise können unter der Anleitung von HR weitere Teile des Interviews von den Teammitgliedern übernommen werden. Zudem dürften in jedem Team eines Unternehmens unterschiedliche Vorerfahrungen in der Interviewführung vorliegen. Abhängig von der Vorerfahrung sowie von Anzahl und Häufigkeit der Stellenbesetzungen ist situativ zu entscheiden, welche Anstrengungen unternommen werden, um das Team für die Telefoninterviews fit zu machen. Hierzu gehört auch die Vermittlung von grundlegenden Fragetechniken, die im Interview angewandt werden sollen. Welche Fragetechniken das sind und wie sie in leicht verständlicher Weise vermittelt werden können, ist in Kapitel 10 »Das Vorstellungsgespräch« zu finden.

Stufe 4: Die Einbindung des Teams in die Vorauswahl kann so weit gehen, dass dem Team die Verantwortung für den gesamten Prozessschritt übertragen wird. Das Team übernimmt in diesem Fall die Sichtung eingehender Bewerbungen und trifft selbstständig die Entscheidung, mit welchen Kandidaten sie ein Telefoninterview führen möchten und wer im Anschluss zu einem persönlichen Gespräch eingeladen wird. Dies setzt voraus, dass das Team zunächst Hilfestellung im Lesen von Bewerbungsunterlagen erhält, damit vor allem *valide Kriterien* – wie zuvor beschrieben – bei der Personalauswahl berücksichtig werden.

Die Führungskraft kann ebenfalls in jedem dieser Schritte auf unterschiedliche Art und Weise eingebunden werden. In vielen Fällen vertraut die Führungskraft den Auswahlentscheidungen von HR und ihrem Team recht schnell, sodass eine intensive Einbindung in der Vorauswahl nur selten gewünscht ist.

Selbstverständlich ist es hilfreich, die Anzahl der Telefoninterviews auf mehrere Schultern zu verteilen. Der Vorteil der Einbindung des Teams liegt nicht nur in der Entlastung von HR und der Führungskraft. Der direkte Kontakt zu zukünftigen Kollegen wird von Bewerbern sehr positiv wahrgenommen und führt bereits in einer frühen Phase der Personalauswahl zu einer gewissen Bindung mit Team und Aufgabe, ein Effekt, auf den wir im Kapitel 11 »Onboarding« intensiver eingehen werden.

! **Das wichtigste aus Kapitel 9**

- Eine Vorauswahl geeigneter Kandidaten ist auf Basis der Bewerbungsunterlagen kaum möglich.
- Bei einem hohem Bewerbereingang ist eine Vorauswahl auf Basis der Bewerbungsunterlagen zweckmäßig. Es ist sehr genau auf geeignete Auswahlkriterien zu achten.
- Persönliche Vorauswahlgespräche, z. B. in Form eines Telefoninterviews, sind zu bevorzugen.
- Das Recruitingteam kann aktiv in die Vorauswahl eingebunden werden und im ersten Schritt des Auswahlprozesses Telefoninterviews führen.
- Der Grad der Einbindung des Recruitingteams in die Vorauswahl kann schrittweise erhöht werden. Ein erfahrenes Recruitingteam kann die Vorauswahl eigenverantwortlich durchführen.

10 Das Vorstellungsgespräch

Das Vorstellungsgespräch bleibt das zentrale Element im Auswahlverfahren. In der Vorauswahl wurden zuvor die Kandidaten identifiziert, die am geeignetsten für die offene Stelle erscheinen. In den nun anstehenden persönlichen Interviews konzentrieren wir uns auf diese Kandidaten und können unsere Zeit zielgerichtet in ausführliche Gespräche investieren. Am Ende möchten wir nicht nur die besten, sondern die richtigen Kandidaten identifizieren und für die offene Stelle gewinnen.

Der Unterschied zwischen den *besten* und den *richtigen* Kandidaten? Was nutzt uns ein fachliches Genie, das jede Herausforderung mit Bravour meistert, jedoch nicht in der Lage ist, mit seinen Kollegen zusammenzuarbeiten, Rahmenbedingungen zu akzeptieren und sich mit den Werten des Unternehmens anzufreunden? Die Anstellung eines solchen fachlichen Genies wird wahrscheinlich nur von kurzer Dauer sein. Egal wie herausragend die Arbeitsergebnisse in dieser Zeit auch sein mögen, sie wiegen sicherlich nicht die zu erwartende Unruhe im Team und die Anstrengungen einer Nachbesetzung auf.

Besonders während der Vorstellungsgespräche ist ein authentischer Auftritt gegenüber den Kandidaten entscheidend. Zum einen präsentieren wir uns einem kleinen Kreis an potenziellen neuen Kollegen und zum anderen geht es im Vorstellungsgespräch darum, sich richtig kennenzulernen. Arbeitgeber und Bewerber wünschen sich gleichermaßen, ein wenig hinter die Fassade schauen zu können. Schließlich bewegt beide, was sich hinter der Aufgabe bzw. der Bewerbung verbirgt, um am Ende des Auswahlverfahrens eine gute Entscheidung treffen zu können. Für die Auswahl des richtigen Kandidaten setzen wir die kompetenzbasierte Personalauswahl fort und setzen auf die Unterstützung des gesamten Recruitingteams.

10.1 Die Rollenverteilung im Recruitingteam

Auch an dieser Stelle setzen wir für eine authentische Kommunikation wieder auf die Einbindung der Kollegen aus dem suchenden Team. Sicherlich ist es auch HR und der Führungskraft möglich, authentische Einblicke in Aufgabe, Team und Unternehmen zu geben. Vor allem HR dürfte durch seine langjährige Recruitingerfahrung darin geübt sein, offene Stellen und das Unternehmen gut zu präsentieren. Die Krux liegt aber darin, dass diese Auskünfte weniger glaubhaft erscheinen, wenn sie von HR und nicht vom suchenden Team kommen. Für Bewerber ist im Auswahlverfahren klar, dass es die Aufgabe von HR ist, neue Mitarbeiter für das eigene Unternehmen zu gewinnen. Folglich nehmen Bewerber an, dass HR-Mitarbeiter darin geübt sind, die Vorzüge einer Stelle und des Unternehmens hervorzuheben und weniger schöne Aspekte geschickt zu kaschieren.

Unabhängig vom Wahrheitsgehalt dieser Annahme führt sie dazu, dass Bewerber die Glaubwürdigkeit von HR bezüglich der Aufgaben- und Unternehmensbeschreibung ein wenig anzweifeln. Deutlich glaubhafter können diese Informationen von zukünftigen Teammitgliedern vermittelt werden. Ihnen wird aus Sicht der Bewerber seltener unterstellt, dass die zukünftigen Teammitglieder besonders daran interessiert sind, Aufgabe und Unternehmen besonders positiv darzustellen. Vielmehr ist das Team in der Lage, auch kritische Aspekte aufzuzeigen, ohne dass es die Bewerber verschreckt. Das Gegenteil ist eher der Fall. In jedem Unternehmen und auf jeder Position gibt es auch schwierige Situation zu meistern. Das weiß auch jeder Bewerber. Authentisch und vor allem glaubhaft können daher vor allem Kollegen aus dem Team berichten, da sie es sind, die täglich diese schwierigen Situationen zu lösen haben.

Ähnlich lässt sich zu der Rolle der Führungskraft argumentieren. Selbstverständlich besteht ein besonderes Interesse des Bewerbers darin, im Auswahlverfahren seinen zukünftigen Vorgesetzten kennen zu lernen. Schließlich dürfte in den meisten Unternehmen diese Person maßgeblich auf die persönliche Entwicklung und die Karriere im Unternehmen Einfluss haben. Ein gutes Verhältnis zum Chef ist da vorteilhaft. Berichtet aber die Führungskraft über Aufgaben und Team, bleiben beim Kandidaten weiterhin Fragen offen. Die Beschreibung aller Aufgaben und Abläufe gibt dem Kandidaten zwar einen guten Einblick, unklar bleibt jedoch, was sich wirklich dahinter verbirgt und wie sich der operative Ablauf konkret gestaltet. Auch wenn die Führungskraft mit den besten Absichten von der offenen Stelle berichtet, solange sie nicht auch selbst in die operative Ausführung eingebunden ist, werden bei den Kandidaten gewisse Zweifel und Unsicherheiten bestehen bleiben.

Besonders die Fragen zu Zusammenarbeit und Miteinander im Team sind für viele Bewerber von großem Interesse. Selbstverständlich ist es schön, von der Führungskraft zu hören, dass im Team ein tolles Klima herrscht und alle gut zusammenarbeiten. Besser ist es aber, wenn diese Aussage auch von verschiedenen Teammitgliedern im Vorstellungsgespräch bestätigt wird. Nicht zuletzt, weil das Team zu der Frage der Zusammenarbeit auch auf die Führungskragt eingehen kann. Die Frage »Wie ist der Chef eigentlich so?« dürfte vielen Bewerbern auf der Zunge liegen. Ein klassisches Vorstellungsgespräch wird aber nur selten den passenden Rahmen für eine solche Frage bieten. Gegenüber dem Team ist diese Frage wesentlich leichter zu stellen oder wenigsten anzuschneiden. Eine Antwort wie »Wenn etwas wirklich schief geht, kann er schon einmal lauter werden. Er ist halt mit einer großen Leidenschaft dabei. Das Tolle ist, dass unser Chef immer hinter uns steht« wird Kandidaten im Auswahlverfahren sehr helfen. Im Anschluss des Gesprächs können sie dann selbst entscheiden, ob sie mit einem leidenschaftlichen Chef zusammenarbeiten möchten oder doch lieber eine nüchterne, sachliche Führungskraft bevorzugen.

10.2 Die Rolle von HR

Vorstellungsgespräche sind seit jeher das Hoheitsgebiet von HR. Daran ändert sich auch im agilen Recruiting nichts. Jedoch verschieben sich Aufgaben und Rollen. Die stärkere Einbindung des Teams in den Recruitingprozess erweckt zunächst den Eindruck, dass HR zukünftig keine oder nur sehr wenige Vorstellungsgespräche führt. Tatsächlich ist diese Vorstellung gar nicht so abwegig, wenn bei den anderen Mitgliedern des Recruitingteams entsprechende Interviewkompetenzen aufgebaut werden. Das gilt für die Teammitglieder des suchenden Teams ebenso, wie für viele Führungskräfte. Letzteren kann zwar eine größere Routine in der Führung von Vorstellungsgesprächen unterstellt werden, wirkliche Kompetenzen in Gesprächsführung und Fragetechnik sind aber nur selten zu finden.

Im Sinne einer agilen Organisation hat sich eine Serviceabteilung wie HR so aufzustellen, dass ihre internen Kunden in der Lage sind, die nötigen Arbeitsschritte selbstorganisiert und selbstverantwortlich durchführen zu können. Es ist also Aufgabe von HR, die Fachbereiche in die Lage zu versetzen, sich weitestgehend selbst zu helfen. Dies betrifft aber nur die Durchführung des Recruitingprozesses. Die ständige Anpassung und Weiterentwicklung des Recruiting ist Aufgabe von HR. Ein Ziel von HR ist es, die Organisation in die Lage zu versetzen, ihren Personalbedarf decken zu können. Dies kann sich auf die rechtsichere Gestaltung und einen effizienten Ablauf beziehen aber auch auf eine zielgruppengerechte und authentische Bewerberansprache.

Auf dem Weg zu einer agilen Organisation besteht die Aufgabe von HR darin, Fachbereiche und Recruitingteams schrittweise zu entwickeln. Die nötige Routine in der Gesprächsführung kann durch die Begleitung von Vorstellungsgesprächen erfolgen, fehlende Kompetenzen in Form von kleinen Trainings vermittelt werden.

Wie stark Recruitingkompetenzen im Team aufgebaut werden sollen, ist abhängig vom gewünschten Grad der Einbindung der Teammitglieder im Auswahlverfahren und der späteren Entscheidungsfindung zur Einstellung. Ist es der Wunsch der Führungskraft, dass sein Team zukünftig die vollständige Verantwortung für das Auswahlverfahren übertragen bekommt, ist eine intensivere und längere Begleitung durch HR notwendig. In vielen Fällen wird jedoch damit begonnen, den Teammitgliedern deutlich weniger Verantwortung zu übertragen. Schließlich ist es für alle Beteiligte gleichermaßen ein Lernschritt, wenn Verantwortung übertragen wird. Während die Führungskraft Verantwortung auf das Team überträgt und lernen muss, zu vertrauen, ist es Aufgabe des Teams diese Verantwortung zu übernehmen. HR unterstützt diesen Transformationsprozess und muss passende Wege entwickeln, Team und Führungskraft bestmöglich zu unterstützen und dabei das Ziel einer erfolgreichen Stellenbesetzung nicht aus den Augen zu verlieren.

Der Aufbau von Recruitingkompetenzen im Team hängt von einem weiteren Faktor ab, der Anzahl und Häufigkeit der Stellenbesetzungen. Grundsätzlich ist das suchende Team immer das Recruitingteam. Der schrittweise Aufbau von entsprechenden Kompetenzen und das begleitende Anlernen durch HR sollte aber in einem wirtschaftlich sinnvollen Verhältnis zu den offenen Stellen im Team stehen. Ist mit großem Wachstum zu rechnen und müssen in kurzer Zeit viele neue Mitarbeiter gewonnen werden, ist eine intensive Einbindung und Qualifizierung des Teams hilfreich. Demgegenüber stehen Teams, die vielleicht nur alle paar Jahre eine Stelle in Form einer Nachfolge zu besetzen haben. Auf die Unterstützung des Teams und die Möglichkeit einer authentischen Kommunikation mit den Bewerbern sollte auch hier nicht verzichtet werden. Der schrittweise Aufbau von Recruitingkompetenzen muss hier aber in einem angemessenen Verhältnis stehen und ggf. ein Auswahlprozess gewählt werden, in dem das Team weniger Verantwortung übertragen bekommt.

Das schrittweise Vorgehen des Recruitingteams unter Anleitung von HR sollte regelmäßig von einer Retrospektive begleitet werden. Die Retrospektive ist unabhängig davon, ob das Recruitingteam viele oder wenige Stelle zu besetzen hat oder ob viele oder weniger Bewerbungen eingehen, durchzuführen. Ziel der Retrospektive ist es herauszufinden, wie gut das gesteckte Ziel bereits erreicht wurde und was in den vergangenen Tagen gut und weniger gut lief. Dieses Meeting sollte von HR moderiert werden, da hier auch die Hoheit über den Recruitingprozess und seiner Verbesserung liegt. In einer Retrospektive wird aus den vergangenen Erfahrungen gelernt und konkrete Maßnahmen entwickelt, um die richtigen Bewerber für das Unternehmen zu gewinnen.

Häufige Probleme von Recruitingteams – und ihre Lösung
In Retrospektiven von Recruitingteams kommen häufig sehr ähnliche Probleme zur
Ansprache:

Nicht abgestimmt. Ein Recruitingteam besteht häufig auf fünf bis sieben Personen
aus unterschiedlichen Fachbereichen. Eine ständige Abstimmung ist nicht immer
einfach. Umso wichtiger ist es, dass der Ablauf und die Verantwortlichkeiten im Auswahlverfahren eindeutig geklärt sind.

Kein gemeinsames Bild vom gesuchten Kandidaten. Nicht immer war das Recruitingteam auch in der Phase der Anforderungsanalyse eingebunden. Ein gemeinsames Verständnis vom gesuchten Kandidatenprofil ist unerlässlich, damit das Team
eine Entscheidung treffen kann.

Unsicherheiten in der Interviewführung. Recruitingkompetenzen werden in den
Teams schrittweise aufgebaut. Eine begleitende Unterstützung in der Gesprächsführung und im Stellen von Fragen ist vor allem zu Beginn nötig.

Nur unpassende Bewerbungen. Die Ursachen sind vielfältig und können u. a. im
Marketing und der Stellenanzeige liegen, aber auch an mangelnden Kenntnisse in
der Sichtung und Vorauswahl eingehender Bewerbungen. Ist weiterhin kein passender Bewerber dabei, braucht es eine Entscheidung, ob das Profil weitergesucht werden soll, oder eine Alternative erarbeitet werden muss.

10.3   Aufbau des Interviews

Auch im agilen Recruiting folgen wir den Empfehlungen für die Auswahl geeigneter
Methoden für das Vorstellungsgespräch. Besonders dann, wenn im Auswahlverfahren mehrere Teammitglieder des Recruitingteams in die Vorstellungsgespräche eingebunden werden ist ein strukturiertes Interview unerlässlich.

Strukturierte Interviews: Sie zeichnen sich vor allem dadurch aus, dass ein einheit
licher Interviewleitfaden verwendet wird. Unter allen Interviewformen besitzt das
strukturierte Interview die höchste Validität und damit die größte Prognosewahr-
scheinlichkeit, den richtigen Kandidaten auszuwählen. Das angestrebte Ziel besteht
darin, dass jedem Kandidaten die gleichen Fragen gestellt werden, sodass verschie-

dene Bewerber im Anschluss miteinander verglichen werden können und Verzerrungen und Beurteilungsfehler durch die Interviewer vermieden werden.

Am besten gelingt dies durch den Einsatz von hochstrukturierten Interviews. Allerdings wird diese Art des Interviews von den Bewerbern als unterkühlt und distanziert wahrgenommen. Auch wird sie von den Interviewern selbst nicht sonderlich geschätzt, da sie nur wenig Raum für eine individuelle Interaktion mit den Bewerbern zulässt.

Hochstrukturierte Interviews stehen folglich einer authentischen Kommunikation und dem individuellen Kennenlernen eines Bewerbers mit all seinen Talenten und Fähigkeiten entgegen. Trotzdem ist es notwendig Vorstellungsgespräche und damit Bewerber untereinander vergleichbar zu machen, um eine Entscheidung für den weiteren Verlauf zu treffen zu können.

Unstrukturierte Interviews: Im Gegensatz zu hochstrukturierten Interviews stehen unstrukturierte Interviews, eine Interviewform, die sicherlich in vielen Unternehmen weit verbreitet ist. Auch Recruitingteams laufen schnell Gefahr, unstrukturierte Interviews zu führen, besonders dann, wenn wenig Kenntnisse über Auswahlverfahren vorliegen und Vorstellungsgespräche nicht ausreichend vorbereitet wurden.

Sicherlich bietet ein unstrukturiertes Interview am meisten Raum für einen authentischen Austausch mit den Kandidaten und die Möglichkeit, ganz individuell auf Fähigkeiten und Bedürfnisse der Kandidaten einzugehen. Die Aussagekraft solcher Vorstellungsgespräche ist jedoch mit einer so niedrigen Validität versehen, dass von komplett unstrukturierten Interviews abgesehen werden sollte.

Auswahlmethode	Validität in %	
	Schätzung der Personalentscheider	Tatsächliche
Interview		
hochstrukturiert	47	33
unstrukturiert	41	4

Abb. 15: Validität von Interviewmethoden (vgl. Varelmann/Kanning 2018, abgewandelte Darstellung mit gerundeten Werten)

Halbstandardisierte Interviews: Die Lösung scheinen halbstandardisierte Interviews zu sein. Sie sollen die Vorteile beider Interviewformen vereinen: Vergleichbarkeit und Authentizität. Sicherlich hilft ein wenig Struktur, die Interviews untereinander vergleichbarer zu machen. Sie gibt den Interviewern aus dem Recruitingteam auch ein Stück Sicherheit in der Gesprächsführung. Wie sehr sich der Aufbau eines halbstandardisierten Interviews an einem strukturierten oder unstrukturierten Interview orientieren sollte, ist in Abhängigkeit der zu besetzenden Stelle und des suchenden Teams herauszufinden.

Orientierung soll folgendes Beispiel zweier völlig verschiedener zu besetzender Stellen geben.

Ein großer Konzern ist auf der Suche nach einem weiteren Sachbearbeiter für die Buchhaltung. Die Arbeitsabläufe in der Buchhaltung sind klar geregelt. Es besteht nicht nur ein klares Bild davon, was der neue Kollege zu leisten hat, sondern auch, wie er seine Arbeit zu vollrichten hat. Prozesse und Strukturen müssen präzise befolgt werden, damit alle Kollegen zusammenarbeiten können.

Das andere Unternehmen ist eine kleine Marketingagentur, die auf der Suche nach einem neuen Marketingmanager ist. Der neue Kollege soll für einen Kunden der Agentur ein neues Marketingkonzept erstellen. Mit diesem Konzept möchte der Kunde mit seiner neuen Produktidee endlich den Durchbruch auf dem asiatischen Markt erzielen. Die Agenturinhaber sind sich selbst noch nicht ganz schlüssig, was alles in diesem Konzept berücksichtigt werden muss und wie dieses Konzept am besten erstellt und umgesetzt werden kann.

Je klarer Arbeitsinhalte und Abläufe definiert sind, also das Was und Wie vorgegeben ist, desto mehr ist es möglich, das halbstrukturierte Interview an ein hochstrukturiertes Interview anzulehnen. Bei starren Arbeitsstrukturen spielen die individuellen Fähigkeiten des Bewerbers eine eher untergeordnete Rolle.

Sind Arbeitsinhalte und Abläufe weniger klar definiert, sind also das Was und vor allem das Wie weniger vorgegeben, desto mehr ist es möglich, das halbstrukturierte Interview an ein unstrukturiertes Interview anzulehnen. In diesem Fall leidet die Vergleichbarkeit der Kandidaten untereinander. Es ist kaum möglich objektive Kriterien für die Lösung einer neuen, unbekannten Aufgabe zu definieren, die für einen Vergleich der Kandidaten herangezogen werden kann.

10.4   Die Vorstellungsgespräche und das Recruitingteam

Nachdem für das Führen von Vorstellungsgesprächen ein ganzes Recruitingteam zur Verfügung steht, gibt es verschiedenen Möglichkeiten Vorstellungsgespräche zu gestalten. Diese können auf unterschiedliche Weise erfolgen und hängen vom agilen Reifegrad des Teams bzw. des Unternehmens ab.

Team-fit-Interview: Die vermutlich einfachste Art, Bewerber und zukünftiges Team im Auswahlverfahren miteinander bekannt zu machen, stellt das Team-fit-Interview dar. Es kann als separater Interviewteil im Anschluss an das klassische Vorstellungsgespräch erfolgen. Der Kandidat erhält im Anschluss seines Interviews mit der Führungskraft und HR die Möglichkeit, sein zukünftiges Team kennenzulernen. Das Team-fit-Interview findet ohne Führungskraft und HR statt. Auf diese Weise ist ein Austausch »unter Gleichen« möglich und das gegenseitige Kennenlernen wird vom Bewerber weniger als weitere Prüfungssituation empfunden.

Im Team-fit-Interview geht es darum herauszufinden, ob das Team und der Bewerber zusammen harmonieren. Dazu kann der Bewerber mit dem gesamten Team oder nur mit einzelnen Teammitgliedern bekannt gemacht werden. Da das Kennenlernen von der Frage getragen wird »Liebes Team, könnt ihr euch vorstellen mit dem Bewerber zusammenzuarbeiten?«, ist es nicht notwendig, dass das Team-fit-Interview ausschließlich von Mitgliedern des Recruitingteams durchgeführt wird. Das Team gibt im Anschluss eine individuelle Einschätzung, ob der Bewerber aus seiner Sicht in das Team passt. Für diese Einschätzung ist kein spezielles Recruiting-Know-how erforderlich, daher kann jedes Teammitglied in diese Form des Interviews eingebunden werden.

Auch wenn kein spezielles Know-how für das Team-fit-Interview nötig ist, braucht es zuvor ein Briefing des Teams. Vor allem dann, wenn es zum ersten Mal an einem solchen Interview teilnimmt. Das Team muss wissen, dass es in diesem Interview nur um ein Kennenlernen geht. Es besteht also nicht die Erwartungshaltung, dass das Team den Bewerber nochmals einer fachlichen Prüfung unterzieht. Aus diesem Grund erhalten die Teammitglieder auch keine Einsicht in Lebenslauf und Bewerbungsunterlagen des Kandidaten. Diese Informationen führen im Vorfeld bereits zu einer bestimmten Erwartungshaltung und erschweren ein Kennenlernen unter gleichen Bedingungen.

Während des Team-fit-Interviews erhält der Kandidat nicht nur die Möglichkeit, sein zukünftiges Team kennen zu lernen, sondern kann seinen neuen Kollegen eine Reihe von Fragen stellen. Neben konkreten Fragen zur Aufgabe und Arbeitsabläufen werden an dieser Stelle auch vielfach Fragen zur Führungskultur und zur Zusammenarbeit gestellt. Fragen, die häufig schon im vorherigen klassischen Interview besprochen wurden. Durch die praxisnahen Antworten, Beispiele und Geschichten des Teams erhält der Bewerber nochmals einen besseren Eindruck von der Aufgabe und Zusammenarbeit im Team.

Im Anschluss des Team-fit-Interviews ist ein weiteres kurzes Gespräch mit dem Bewerber ratsam, um eventuell neu aufgekommene Fragen zu klären oder Missverständnisse aus dem Weg zu räumen. Dieses Gespräch kann von der Führungskraft oder auch von HR geführt werden.

Nachdem der Bewerber verabschiedet wurde, wird das Team gebeten, ein Feedback zu gegeben. Im Vordergrund steht die Frage, ob sich das Team eine Zusammenarbeit vorstellen kann. Eine fachliche Einschätzung, auch wenn sie im Anschluss eines Team-fit-Interviews häufig gegeben wird, war nicht das Ziel dieses Interviews. Durch den unstrukturierten Aufbau und die häufig geringe Recruiting-Erfahrung des Teams ist eine solche Einschätzung mit Bedacht zu werten.

Auch wenn sich die Frage nach der Zusammenarbeit mit einem einfachen Ja oder Nein beantworten lässt, ist eine ausführlichere Antwort erstrebenswert. Dazu können dem Team folgende Fragen gestellt werden, die vor allem auf die Persönlichkeit des Bewerbers abzielen:

- Was spricht dafür, dass der Bewerber in euer Team passt? Was dagegen?
- Was hat euch an dem Bewerber besonders gut gefallen?
- Was müsste der Bewerber noch mitbringen, um noch besser ins Team zu passen?

Schließlich folgen Fragen zum Ablauf des Team-fit-Interviews. Diese Fragen sind besonders dann von Bedeutung, wenn es das erste Interview dieser Art für das Team war. Denn dann ergeben sich noch viele Frage beim Team und es besteht in der Regel Luft nach oben zur Verbesserung.

- Was hat euch geholfen, den Bewerber kennenzulernen?
- Was war hinderlich, um zu einer Einschätzung zu kommen?
- Was möchtet ihr beibehalten? Was möchtet ihr verbessern?

Das Team-fit-Interview kann im gleichen Raum wie das zuvor geführte Vorstellungsgespräch geführt werden. Ein Raumwechsel sorgt aber nicht nur für ein wenig Bewegung, sondern kann die Gesprächsatmosphäre auch auflockern, wenn anstelle eines Meetingraums die Bürofläche des Teams oder die Kaffeeküche genutzt werden. Der Raumwechsel unterstreicht den eher informellen Charakter des Team-fit-Interviews, lockert das Gespräch auf und gibt dem Bewerber nebenbei ein paar weitere Einblicke in das Unternehmen.

10.5   Zweistufiges Vorstellungsgespräch

Eine beliebte Variante für Vorstellungsgespräche besteht darin, das Gespräch in zwei Gesprächsteile zu gliedern. Eine sinnvolle Trennung kann beispielweise in Fachinterview und Social-fit-Interview erfolgen. Während in einem Fachinterview vor allem die fachlichen Skills des Kandidaten erfragt werden, kann die Bezeichnung Social-fit ein wenig irreführend sein. In diesem Interviewteil werden u. a. die sozialen und persönlichen Kompetenzen erfragt. Das Social-fit-Interview unterscheidet sich also vom Team-fit-Interview dadurch, dass gezielt die zuvor im Anforderungsprofil definierten Kompetenzen erfragt werden.

Stufe 1: Im Fokus des Interviews steht die Frage, ob der Kandidat die ausgeschriebene Stelle erfolgreich ausfüllen kann. Es können kleine Überschneidungen zum Team-fit-Interview auftreten. Da aber zuvor definierte Kompetenzen erfragt werden sollen, kann ein Social-fit-Interview nur von Mitgliedern des Recruitingteams geführt werden, die zuvor in den Themen Interviewführung und Fragetechnik geschult wurden.

Nehmen wir ein Recruitingteam, das aus Führungskraft, HR und zwei Mitgliedern des suchenden Teams besteht. In Abhängigkeit von der zu besetzenden Stelle und den Fähigkeiten des Recruitingteams sind verschiedene Konstellationen denkbar, wie das zweistufige Vorstellungsgespräch geführt wird. Verfügt ein Teammitglied über eine sehr hohe Fachexpertise, so ist es naheliegend, dass es im Fachinterview eingesetzt wird. Erst recht, wenn sich die Führungskraft im Laufe der Zeit ein wenig vom operativen Geschäft entfernt hat und mehr mit Führung und strategischen Aufgaben beschäftigt ist. HR dürfte in den meisten Fällen in einem reinen Fachinterview wenig gut unterstützen können. Somit sollte hier das Fachinterview vom Teammitglied mit hoher Fachexpertise und der Führungskraft durchgeführt werden.

Das Social-fit-Interview könnte in unserem Fall von dem verbleibenden Team-Mitglied und HR geführt werden. In dieser Kombination ist es zudem möglich, dass HR dem Teammitglied Hilfestellung bietet, damit es die Recruiting-Kompetenz weiter aufbauen kann.

Die Trennung des Vorstellungsgesprächs führt dazu, dass nicht alle Mitglieder des Recruitingteams über die ganze Zeit des Interviews anwesend sein müssen. Gleichzeitig können die Teammitglieder gemäß ihrer Stärken im Interview eingesetzt werden. Die anschließende Bewertung des Kandidaten kann sich dann sogar auf die Einschätzung von vier Personen stützen. Dies erfordert auf der einen Seite eine große Klarheit, nach welchen Kriterien in den Vorstellungsgesprächen gesucht wird. Dazu ist ein aussagekräftiges Anforderungsprofil aus dem die Kriterien entnommen werden können, sehr nützlich. Zudem erhalten wir durch diese Vorgehensweise eine differenziertere Beurteilung der Eignung des Kandidaten und treffen am Ende eine bessere Entscheidung.

Stufe 2: In Stufe 1 des zweistufigen Vorstellungsgespräch sind Führungskraft und HR noch maßgeblich an der Gesprächsführung beteiligt. In Stufe 2 ziehen sich die beiden jedoch zurück und überlassen die Vorstellungsgespräche den Teammitgliedern. Dabei wird den verbleibenden Mitgliedern des Recruitingteams nur soviel Verantwortung übertragen, wie sie tragen können, d. h. Führungskraft und HR ziehen sich schrittweise zurück. Die Erfahrungen aus der ersten Phase helfen dabei, besser einschätzen zu können, wie viel Unterstützung das Recruitingteam noch benötigt und wie verlässlich die Einschätzung zur Passung des Kandidaten durch das Team ist.

Es ist durchaus denkbar, dass das Führen von Vorstellungsgesprächen vollständig vom Recruitingteam ohne Einbindung der Führungskraft und HR erfolgt. Neben dem authentischen Auftritt während der gesamten Vorstellungsgespräche erreichen wir damit weitere positive Effekte, die sich z. B. später im Onboarding zeigen.

Ein weiterer Effekt, der nicht direkt mit der Personalgewinnung im Zusammenhang steht, zeigt sich im Rahmen der agilen Transformation. Werden Teams befähigt, in der Personalauswahl eigenständig vorzugehen, steigt neben der Selbstständigkeit auch das unternehmerische Denken und das Verantwortungsbewusstsein.

In der Endausprägung von Stufe 2 besteht die Rolle von HR darin, dem Team als Fachexperte zur Seite zu stehen. In der Expertenrolle kann HR beispielsweise herangezogen werden, um das Setting der Vorstellungsgespräche zu überdenken, wenn eine weitere Einschätzung eines Kandidaten für eine besondere Position nötig ist, oder wenn Persönlichkeitstest im Auswahlverfahren eingesetzt werden sollen.

Nachdem das Team ausreichend befähigt wurde, Vorstellungsgespräche sicher und souverän zu führen, kommt HR die Aufgabe zu, den Prozess und die Qualität des Recruiting weiter zu verbessern. Diese Aufgabe liegt bei HR, da es durch die Zusammenarbeit mit den verschiedenen Recruitingteams einen guten Eindruck erhält, was in den Teams gerade besonders gut läuft und welche Verbesserungen nötig sind. Neben regelmäßigen Feedbackschleifen und Retrospektiven eignet sich dazu auch eine Community of Practice (siehe Kapitel 5.3).

Für die Führungskraft ist Stufe 2 des zweistufigen Vorstellungsgesprächs oftmals eine große Herausforderung. Letztendlich hat in den meisten Organisationen die Führungskraft eine Einstellung zu verantworten. Da fällt es nicht leicht, diese Verantwortung in das Team zu delegieren und am Ende für das Ergebnis verantwortlich zu sein. Die Stufe 2 kann nur erreicht werden, wenn bereits in Stufe 1 genügend Vertrauen zwischen Team und Führungskraft aufgebaut wurde.

Es stellt sich die Frage, ob es zu diesem Schritt überhaupt kommen muss. Auch einer Führungskraft ist in einem agilen Recruitingprozess zuzugestehen, ihren neuen Mitarbeiter zumindest kennenzulernen oder gar ein Veto einzulegen. Gleichzeitig dürfte auch jeder Bewerber daran interessiert sein, im Auswahlverfahren seine Führungskraft kennenzulernen. Wir können und sollten also nicht komplett auf die Führungskraft verzichten.

Dreistufiges Vorstellungsgespräch: Je nachdem wie der Auswahlprozess aufgebaut ist, besteht die Möglichkeit für die Führungskraft, am Fach- oder Social-fit-Interview teilzunehmen oder sich ein eigenes Zeitfenster für das Gespräch mit den Bewerbern zu sichern. Dazu können wir das zweistufige Vorstellungsgespräch in ein dreistufiges umwandeln. Die Führungskraft hat dadurch die Möglichkeit mit jedem Kandidaten persönlich zu sprechen. Eine weitere Variante wäre es, wenn das Team zunächst die zweistufigen Vorstellungsgespräche führt und nur die am besten geeigneten Kandidaten für ein weiteres Gespräch mit der Führungskraft empfiehlt. Diese Kandidaten würden dann erneut zu einem Vorstellungsgespräch eingeladen werden. Neben dem Gespräch mit der Führungskraft ist es zudem möglich, noch offene Fragen, die im Nachgang zum vorherigen Vorstellungsgespräch aufgekommen sind, zu klären.

Im Anschluss an jedes Vorstellungsgespräch, unabhängig ob Stufe 1 oder 2, ist es notwendig, dass sich die am Gespräch beteiligten Mitglieder des Recruitingteams zusammensetzen, um das Gespräch und das Vorgehen zu bewerten.

Im ersten Schritt werden die Beobachtungen zum Kandidaten mitgeteilt und auf eine mögliche Passung zur Stelle bewertet, bevor es zu einer Entscheidung hinsichtlich Zusage oder Absage bzw. Einladung zum Gespräch mit der Führungskraft kommt.

Anschließend erfolgt eine kurze Reflexion zum geführten Gespräch. Welche Punkte liefen gut? Welche Dinge wollen wir noch besser machen? Wie gut haben unsere Fragen funktioniert? Haben wir im Gespräch die Erkenntnisse gewonnen, die wir für eine Entscheidung benötigen?

10.6   Wie mache ich ein Recruitingteam fit für die Interviews?

Erhält ein Recruitingteam einen aktiven Part in der Personalauswahl, muss es auf diese Aufgabe vorbereitet werden. Das gilt vor allem für die Teammitglieder, die zuvor noch nie mit einer solchen Aufgabe betraut waren und Vorstellungsgespräche bislang nur aus Sicht des Bewerbers kennen. Auch für Führungskräfte ist es sinnvoll, dass sie ihre Kenntnisse hinsichtlich Beurteilungsfehlern und Fragetechnik sowie den rechtlichen Bestimmungen für Interviews updaten.

Ziel der Bemühungen muss es nicht sein, ein Recruitingteam zu absoluten Experten auf Profilerniveau auszubilden. Es geht vielmehr um Grundlagen der Gesprächsführung und ein Bewusstsein für Beurteilungsfehler in der Personalauswahl. Themen, die HR in der Regel leicht vermitteln kann und daher auch weiterhin als Experte und Ansprechpartner im gesamten Auswahlverfahren fungieren kann.

Es gibt zahlreiche Bücher und Empfehlungen zum Führen von Vorstellungsgesprächen und ebenso viele Techniken und Methoden, die zum Einsatz kommen können. Aus unserer Erfahrung eignen sich zum Enablen des Recruitingteams vor allem die

Methoden und Techniken, die leicht verständlich und schnell zu erlernen sind. Beide Kriterien garantieren, dass die erlernten Methoden tatsächlich in den Gesprächen zum Einsatz kommen. Zudem verfügen gerade die grundlegenden Techniken über eine große Wirksamkeit und ein breites Einsatzgebiet. Sie bilden quasi das Fundament, auf dem ein Recruitingteam sich weiterentwickeln kann. Für den Start konzentrieren wir uns auf die Grundlagen und statten ein Recruitingteam mit dem wesentlichen Handwerkszeug aus.

10.7   Auf Beurteilungs- und Wahrnehmungsfehler hinweisen

Es gibt zahlreiche Beurteilungs- und Wahrnehmungsfehler. Vielen HR-Kollegen werden die Basics noch aus Studium oder Ausbildung bekannt sein. All diese Fehler vereint, dass wir unsere Umwelt nur selektiv wahrnehmen und daher zu keiner objektiven Einschätzung gelangen können. Zudem sind wir durch unsere Erfahrungen aus der Vergangenheit geprägt, die in Entscheidungen und Beurteilungen einfließen.

Dass Einschätzungen und Beurteilungen subjektiv geprägt sind, hat sicherlich bereits jeder einmal gehört. Auch stimmt nahezu jeder diesem Punkt zu, ohne dass ihm bewusst ist, was genau hinter der Aussage steckt. Grundsätzlich ist selektive Wahrnehmung nichts Schlechtes. Hilft sie doch uns im Alltag auf die Dinge zu fokussieren, die gerade wichtig sind, und aus der Fülle aller Sinneswahrnehmungen diejenigen herauszufiltern, die zu diesem Zeitpunkt als relevant erscheinen.

In der Personalauswahl schaut es ein wenig anders aus. Wenn es um die Einschätzung der Passung und Leistungsfähigkeit eines Bewerbers geht, braucht es einen möglichst objektiven Blick. Erst recht, wenn mehrere Personen eine Einschätzung abgeben und anschließend zu einer gemeinsamen Entscheidung kommen müssen.

Selbst erfahrenen Recruitern oder Eignungsdiagnostikern dürfte es nur schwer gelingen, zu einer objektiven Einschätzung eines Kandidaten zu gelangen. Im Gegensatz zu vielen anderen ist ihnen aber bewusst, dass das von ihnen erstellte Profil eines Bewerbers durch ihre eigenen Beurteilungs- und Wahrnehmungsfehler verfälscht ist. Sie haben gelernt, mit dieser Verzerrung umzugehen und ihre Einschätzungen kritisch zu hinterfragen und zu reflektieren.

Etwas ähnliches können wir bei den Mitgliedern des Recruitingteams erreichen. Auch ihnen wird es nicht gelingen, sich von Beurteilungs- und Wahrnehmungsfehlern frei zu machen. Wir können aber ihr Bewusstsein schärfen, dass wir alle diese Fehlern machen.

Sympathie: Bei der Personalauswahl spielt Sympathie eine bedeutende Rolle. Menschen, die uns sympathisch sind, schneiden in aller Regel in Auswahlverfahren besser ab. Diejenigen, die uns unsympathisch erscheinen, erhalten zumeist im Anschluss des Vorstellungsgespräches eine Absage. Ausschlaggebend für diese Entscheidung war das Kriterium Sympathie und nicht die Passung und Leistungsfähigkeit des Kandidaten bezogen auf die zu besetzende Stelle.

Selbstverständlich möchte niemand in seinem Team einen unsympathischen Kollegen. Dem stehen jedoch zwei Punkte gegenüber. Zum einen sind wir auf der Suche nach einem neuen Arbeitskollegen und nicht nach einem Kumpel, mit dem wir auch nach Feierabend unsere Freizeit verbringen möchten. Zum anderen beruht unsere Sympathieeinschätzung auf einer Momentaufnahme im Vorstellungsgespräch. Also aus einer für alle Beteiligten ungewöhnlichen Situation, die vor allem bei Bewerbern zu einem erhöhten Stresslevel führt.

Ein erster Rat an das Recruitingteam kann darin bestehen, dass die Mitglieder während des Vorstellungsgesprächs darauf achten, ob sie den Bewerber als sympathisch oder unsympathisch einschätzen. Bereits diese scheinbar kleine Erkenntnis hilft, die anschließende gemeinsame Einschätzung des Bewerbers ins rechte Licht zu rücken.

Mit ein wenig mehr Übung ist es dann auch möglich, im Vorstellungsgespräch auf diese Erkenntnis einzugehen. Sympathisch erscheinende Kandidaten werden zumeist für leistungsfähiger gehalten, unabhängig davon, ob sie es wirklich sind. Erscheint ein Kandidat dem Interviewer als besonders sympathisch und ihm wird diese Wahrnehmung bewusst, so ist er gut beraten, im Interview öfters nachzufassen. Beschreibt der Kandidat beispielsweise seine Tätigkeiten in seiner letzten Anstellung, sind vertiefenden Fragen wie »Was meine Sie damit genau?« oder »Was verbirgt sich konkret hinter dieser Aufgabe?« hilfreich. Der Interviewer erfährt mehr von den tatsächlichen Aufgaben des Kandidaten, kann sie besser bewerten und fordert sich selbst heraus, indem er einen Abgleich der Passung des Kandidaten mit seiner Sympathie-Einschätzung fährt.

Interessanterweise verhält es sich bei einem unsympathisch erscheinenden Kandidaten genau umgekehrt. Diesen Kandidaten werden viel häufiger vertiefende und oft auch schwierigere Fragen gestellt. Das lässt sich u. a. darauf zurückführen, dass der Interviewer unbewusst auf der Suche nach Anhaltspunkten ist, warum dieser unsympathische Bewerber nicht passt. Wird dem Interviewer bewusst, dass er diesen Kandidaten für unsympathisch hält, sollte er seine Gesprächsführung und seine Frage so anpassen, dass es dem Kandidaten leichter fällt, eine Verbindung zu ihm herzustellen. Das Suchen nach Gemeinsamkeiten oder die Bestätigung, dass man einen dargestellten Sachverhalt genauso einschätzt wie der Bewerber, kann z. B. helfen.

Wahrnehmen, vermuten, bewerten
Während das Recruitingteam zu Beurteilungsfehlern bei sympathischen und unsympathischen Bewerbern einfach in einem Meeting sensibilisiert werden kann, setzt die Übung »Wahrnehmen, vermuten, bewerten« auf Selbsterfahrung und Reflexion. Im Wesentlichen geht es darum, zu vermitteln, welche Bedeutung der erste Eindruck hat und wie dieser Eindruck das weitere Gespräch beeinflusst.

Die Mitglieder des Recruitingteams erfahren in dieser Übung, zu welchen unterschiedlichen Einschätzungen ihre Teamkollegen kommen können und welche Bewertung sie daraus ableiten. Die Übung ist als Impuls zu sehen, wie unterschiedlich wir unser Gegenüber wahrnehmen.

Arbeitshilfen online

Ein Handout zur Durchführung ist bei den Arbeitshilfen online zu finden.

! **Übung**

Finden Sie sich zu Dritt zusammen und legen Sie gemeinsam die Rollen fest:
- ein Kandidat
- zwei Interviewer

Die beiden Interviewer schauen sich den Kandidaten für 1 Minute genau an. Achten Sie auf Kleidungsstücke, Accessoires, Schmuck, Brille usw.
Wahrnehmung: Anschließend einigen sich die beiden Interviewer auf einen gemeinsamen Gegenstand, auf den Sie ihre gemeinsame **Wahrnehmung** richten, z. B. die Brille des Kandidaten.

Vermutung: Jetzt schreibt jeder der beiden Interviewer drei **Vermutungen** zu diesem Gegenstand auf. Eine der drei Vermutungen sollte dabei auch möglichst abwegig oder humorvoll sein. Beispiel: »Die Brille hat der Kandidat gewählt, um als besonders intellektuell zu wirken.«

Bewertung: Notieren Sie sich zu jeder Vermutung auch eine **Bewertung** z. B. »Die Brille gefällt mir. Ich find es toll, wenn ich Menschen direkt ansehen kann, dass sie gebildet sind.« Nachdem die beiden Interviewer ihre drei Vermutungen und Bewertungen notiert haben, teilen sie ihre Gedanken gemeinsam mit dem Kandidaten.

- Gibt es übereinstimmende Vermutungen?
- Gibt es übereinstimmende Bewertungen?
- Lag ein Interviewer mit seiner Einschätzung richtig?

Am Ende löst der Kandidat auf und erklärt, was mit dem von den Interviewern bewerteten Gegenstand auf sich hat.

10.8   Fragetechniken: SuSiVEL- und Skalenfragen

Ähnlich zu den Wahrnehmungs- und Beurteilungsfehlern gibt es unzählige Fragetechniken, die in einem Vorstellungsgespräch zum Einsatz kommen können. Zwei dieser Techniken möchten wir für den Einsatz im Recruitingteam vorstellen. Die SuSiVEL-Fragetechnik (Siegel 2014) und die Skalenfragen. Für beide gilt, dass sie vergleichsweise leicht zu erlernen sind und vielseitig in Gesprächen eingesetzt werden können.

Es ist auf jeden Fall sinnvoll, dass ein Recruitingteam in diesem Feld Kompetenzen aufbaut. Was wir aber auch nicht vergessen dürfen, ist unser Ziel, der authentischen und transparenten Kommunikation unter Gleichen. In einem herkömmlichen Setting trifft ein Bewerber oftmals auf einen Interviewexperten, der durch geschicktes und gezieltes Nachfragen nahezu jede Information gewinnt, die er möchte. Sollte ein Recruitingteam seine Kompetenzen ebenfalls auf ein solches Niveau treiben, ist ein Vorstellungsgespräch auf Augenhöhe kaum noch denkbar. Schließlich herrscht dann ein Ungleichgewicht zwischen den Gesprächspartnern. Nur wenige Bewerber werden über eine entsprechende Qualifikation verfügen, wie sie ein erfahrener Interviewer vorweisen kann. Sollte es im Auswahlverfahren notwendig sein, den Kandidaten eingehender zu befragen, so sollte dies durch HR oder durch den Einsatz eines qualifizierten Eignungsdiagnostikers erfolgen.

Die SuSiVEL-Fragetechnik

Die SuSiVEL-Fragetechnik ist eine Variante der STAR-Fragetechnik, die vermutlich über eine größere Bekanntheit verfügt. Hinter dieser Interviewtechnik steckt die Idee, mit Hilfe von fünf Fragen umfassende Informationen über die Fähigkeiten und Verhaltensweisen eines Bewerbers in einer bestimmten Situation zu erhalten.

Mit dieser Fragetechnik wird das vergangene Verhalten eines Bewerbers erfragt. Wir folgen der Annahme, dass es einen Zusammenhang zwischen früherem und zukünftigem Verhalten gibt. Die Wahrscheinlichkeit ist also groß, dass ein Kandidat sich auch in Zukunft so verhalten wird, wie er es bereits in der Vergangenheit getan hat.

Die Herausforderung besteht darin, zu erfragen *wie* ein Kandidat sich in einer konkreten Situation verhalten hat. Die SuSiVEL-Fragetechnik bietet dazu eine Systematik, die bereits als Akronym in ihrem Namen enthalten ist. Das genaue Vorgehen erläutern wir anhand der fünf Schritte.

Arbeitshilfen online

Bei den Arbeitshilfen online steht ein Handout für das Recruitingteam bereit.

Schritt 1: Su (Suggestivaussage)

Im ersten Schritt machen wir eine Suggestivaussage zu dem Sachverhalt, den wir erfragen möchten.

Beispielfragen
Es passiert ja immer mal wieder, dass …
Es gehört im Marketing fast schon zum Tagesgeschäft, dass …
Es ist ja nicht immer einfach, …

Anschließend holen wir uns die Bestätigung vom Kandidaten, dass ihm eine solche Situation bekannt ist.

Beispielfragen
Das kennen Sie sicher auch.
Das haben Sie sicher auch schon mal so (ähnlich) erlebt.
Damit haben Sie sicher auch Erfahrung.

Schritt 2: Si (konkrete Situation in der Vergangenheit)

Nachdem wir die Bestätigung vom Kandidaten haben, dass ihm eine solche Situation bekannt ist, fragen wir konkret nach einem Beispiel.
Durch die gedankliche Beschäftigung mit einer konkreten erlebten Situation ist die Wahrscheinlichkeit hoch, dass der Kandidat die Situationen und sein Verhalten realitätsnah schildert.

Beispielfragen

Schildern Sie doch bitte eine konkrete Situation,
- in der Sie das schon mal so erlebt haben.
- in der es Ihnen auch schwer fiel ... .
- in der Sie ähnliche Widerstände erlebt haben.

Schritt 3: V (Verhalten)

Wenn wir die wichtigsten Zusammenhänge der geschilderten Situation verstanden haben, fokussieren wir uns auf den Kern unserer Frage und bringen in Erfahrung wie der Kandidat sich in dieser Situation verhalten halt.
Beim Hinterfragen von konkreten Verhalten fällt es dem Kandidaten zudem schwerer, sozial erwünschte Antworten zu geben oder gar Dinge zu erfinden.

Beispielfragen

- Wie haben Sie sich in dieser Situation verhalten?
- Was haben Sie in dieser Situation getan?
- Wie sind Sie dabei vorgegangen?

Schritt 4: E (Ergebnis)

Es ist schön, wenn der Kandidat von einem positiven Ergebnis berichten kann. In unserer Fragestellung steht aber das Verhalten und der Umgang mit einer besonderen Situation im Vordergrund. Das Ergebnis als solches sollte daher im Interview nicht überbewertet werden. Es dient in dieser Methode vor allem dazu, den Frageblock zum Verhalten abzuschließen.

Beispielfragen

- Wie war das Ergebnis?
- Wie ging es aus?
- Was hat sich daraus ergeben?

Schritt 5: L (Lernfähigkeit)

Nachdem wir dem Ergebnis eher weniger Beachtung schenken, ist die Lernfähigkeit oftmals interessanter. Lern- und Veränderungsbereitschaft und eine gesunde Selbstreflexion des eigenen Verhaltens sind in einer sich stets wandelnden Umwelt grundsätzlich interessant.

Beispielfragen

- Was würden Sie in einer vergleichbaren Situation jetzt *konkret* anders machen?
- Was ist Ihr wichtigstes Fazit aus dieser Situation?
- Wie hat sich das auf Ihr Vorgehen in vergleichbaren Situationen ausgewirkt?

Ein Vorteil der SuSiVEL-Methode besteht darin, dass sie mit einer Suggestivaussage beginnt. Die Frage »Haben Sie das auch schon einmal erlebt, dass ...« hilft Bewerbern und Interviewern gleichermaßen eine konkrete Situation zu erfragen und das Gespräch entsprechend zu führen. Zeitgleich macht der Interviewer deutlich, dass auch ihm schwierige Situationen nicht unbekannt sind und schafft den nötigen Raum, auch schwierige Dinge zu besprechen. Eine wirkliche Hilfe für wenig erfahrene Recruitingteams.

Die große Herausforderung liegt im Erfragen, wie sich ein Kandidat in einer konkreten Situation verhalten hat. Erfahrungsgemäß sind wir Menschen sehr daran interessiert, mehr über die *Situation* zu erfahren, als zu ihrer *Lösung*. Hintergrund könnte sein, dass wir gerne eine Empfehlung geben möchten, wie eine solche Situation zu lösen ist, oder dass wir die Aktionen des Bewerbers mit unserem eigenen Vorgehen abgleichen wollen. Auch an dieser Stelle hilft ein Beispiel, damit das Recruitingteam besser versteht, wieso das Wie im Vordergrund dieser Fragetechnik steht.

Beispiel: Angenommen, wir möchten erfragen, wie ein Bewerber eine Konfliktsituation zwischen zwei Kollegen gelöst hat. Als konkrete Situation nennt der Bewerber einen Konflikt zwischen Herrn Müller und Frau Huber. Diese Information kann bereits ausreichen, um zu erfragen, wie der Bewerber diese Situation gelöst hat. Für die Kompetenz »Umgang mit Konflikten« dürfte es irrelevant sein, ob es sich um einen Konflikt hinsichtlich der neuen Vertriebsstrategie handelt oder um eine Terminverschiebung in einem laufenden Projekt. Auch sind Ausführungen zu Persönlichkeitsmerkmalen der beiden Akteure mit Vorsicht zu betrachten. Schildert der Bewerber, dass der Umgang mit Herrn Müller sowieso immer schwierig ist, schafft dies vielleicht ein Verständnis für den Konflikt mit Frau Huber. Eine Information, wie der Bewerber versucht hat, zwischen den Parteien zu vermitteln, ist darin nicht enthalten.

Ähnlich verhält es sich mit dem Ergebnis. Welches Ergebnis der Bewerber in unserem Beispiel erzielt hat, ist zweitrangig. Eine Bewertung des Ergebnisses ist nicht möglich. Dazu müssten wir die beiden Personen Müller und Huber befragen und wir müssten tiefe Kenntnisse über das Projekt und das Unternehmen haben, in dem der Konflikt entstanden ist. Dies alles ist im Rahmen eines Vorstellungsgesprächs nicht in Erfahrung zu bringen. Aus diesem Grund dürfen wir das Ergebnis nicht bewerten oder gar eine Empfehlung aussprechen, wie dieser Konflikt besser zu lösen gewesen wäre.

Was vom Recruitingteam bewertet werden kann, ist, wie der Bewerber vorgegangen ist, um diesen Konflikt zu lösen. Wurden beispielsweise beide Personen ausreichend angehört, wie wurde zwischen ihnen vermittelt, wurde versucht, eine Lösung zu finden, die von beiden getragen werden kann usw. Genau dieses Verhalten gilt es im Anschluss des Gesprächs zu bewerten, da wir davon ausgehen können, dass der Bewerber sich in einer ähnlichen Situation auch in unserem Unternehmen auf diese Art und Weise verhalten wird.

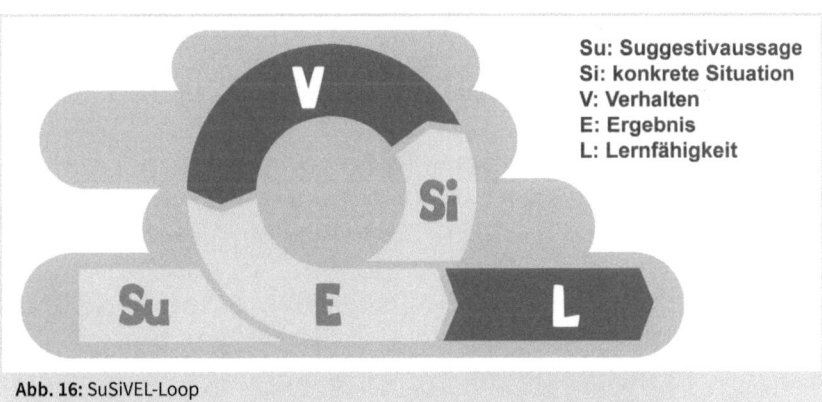

Su: Suggestivaussage
Si: konkrete Situation
V: Verhalten
E: Ergebnis
L: Lernfähigkeit

Abb. 16: SuSiVEL-Loop

Die Skalenfrage

Die Skalenfrage ist eine weitere und vielseitige Fragetechnik, die vielleicht vielen bereits bekannt ist. Im Alltag werden wir häufiger gebeten, auf einer Skala eine Einschätzung oder eine Bewertung abzugeben. Häufig geschieht dies im Zusammenhang mit Kundenzufriedenheitsbefragungen und Weiterempfehlungen.

Eine Skalenfrage hat jedoch noch einiges mehr zu bieten, was uns besonders bei den Vorstellungsgesprächen hilft. Zudem ist auch sie leicht erlernbar, was sie zu einer idealen Erweiterung des Repertoires eines Recruitingteam macht.

Im Folgenden stellen wir die Fragetechnik der Skalenfrage so vor, wie auch HR diese Fragetechnik einem Recruitingteam vermitteln könnte.

Arbeitshilfen online

Zur Skalenfrage steht bei den Arbeitshilfen online ein Handout bereit.

Skalenfragen werden in der Regel dann angewendet, wenn Fähigkeiten und Eigenschaften erfragt werden sollen, die nicht objektiv messbar sind, wie z. B. die Führungskompetenz. Dazu wird der Bewerber im Vorstellungsgespräch gebeten, eine Einschätzung zu seiner Führungskompetenz vorzunehmen.

Konkret bitten wir ihn im Gespräch auf einer Skala von 0 bis 10 eine Bewertung abzugeben. Wichtig ist, dass auch die Bedeutung der Enden der Skala erklärt werden:

Bitte bewerten Sie Ihre Führungskompetenz auf einer Skala von 0 bis 10.
Die 0 steht für »Ich habe keinerlei Führungskompetenzen«,
die 10 sagt aus »Ich gehöre zu den besten Führungskräften im ganzen Land«.

In Vorstellungsgesprächen kann es besonders hilfreich sein, das obere Ende der Skala ein wenig zu überzeichnen. Denken wir daran, dass ein Bewerber sich im Vorstellungsgespräch von seiner besten Seite zeigen möchte. Antworten im Bereich 7 bis 10 sind daher häufig. Es braucht jedoch auch ein wenig Mut und ein gesundes Selbstvertrauen, wenn ein Bewerber sich selbst als eine der besten Führungskräfte im Land beschreibt.

Tatsächlich geht es uns bei dieser Frage aber zunächst nur darum, irgendeine Ziffer genannt zu bekommen, auf der wir unsere Fragetechnik weiter aufbauen können. Stuft der Bewerber seine Führungskompetenz beispielsweise mit einer 7 ein, ist unser erster Gedanken: Gar nicht schlecht. Noch etwas Luft nach oben, aber der Bewerber scheint eine gute Führungskraft zu sein, die wir direkt einstellen können.

Was wir an dieser Stelle aber noch nicht wissen ist, wie der Bewerber zu dieser Ein-schätzung kommt und was er mit dem Wert 8 verbindet. Gefolgt von der Frage, was wir – also die Interviewer – mit diesem Wert verbinden. Sehr wahrscheinlich haben wir an dieser Stelle sehr unterschiedliche Vorstellungen, vielleicht sogar innerhalb des Recruitingteams.

Stellen wir uns vor, wir hätten diese Frage Nero, dem Kaiser des Römischen Reichs stellen können. Sehr wahrscheinlich hätte er uns eine glatte 10 genannt, und uns dann für diese unverschämte Frage in den Kerker werfen lassen. Dort wäre dann genügend Zeit gewesen, über unterschiedliche Führungsstile nachzudenken.

Spätestens hier sollte deutlich werden, dass die einfache Bewertung der Führungs-kompetenz durch den Bewerber nicht viel aussagt und uns im Auswahlverfahren wenig hilft. Der genannte Wert gibt uns aber einen ersten Orientierungspunkt für weitere Fragen. In unserem Beispiel würde auf die Antwort 7 die Frage folgen:

Woran machen Sie eine 7 fest? oder
Was bedeutet eine 7 für Sie?

Mit der nun folgenden Antwort erfahren wir, wie der Bewerber zu seiner Einschät-zung kommt und was er unter einer guten Führungskompetenz versteht. Diese Aus-führungen können wir dann mit unseren eigenen Anforderungen abgleichen und später eine Wertung vornehmen.

In einer Skalenfrage steckt aber noch mehr.

Nachdem wir die 7 als aktuellen Wert festlegen konnten, besteht die Möglichkeit zu fragen, ob und wie weit der Bewerber seine Führungskompetenz noch entwickeln möchte. Häufig werden an dieser Stelle Werte leicht unterhalb der 10 genannt. Schließlich möchte der Bewerber Ehrgeiz und Entwicklungsbereitschaft zeigen. Für die Interviewer dürfte von Interesse sein, was noch fehlt, um den angestrebten Grad der Führungskompetenz zu erreichen und wie das eigene Unternehmen die Entwick-lung des zukünftigen Mitarbeiters fördern könnte.

Für dieses Ziel ist es am hilfreichsten nach dem nächsten, konkreten Entwicklungs-schritt zu fragen. Ansonsten laufen wir Gefahr, uns in einer Diskussion mit fast utopischen Idealen zu verlieren und erhalten vor allem hypothetische Antworten und Veränderungswünsche vom Bewerber.

Nachdem uns ein Bewerber also gesagt hat, dass er seine Führungskompetenz mit einer 7 einschätzt und sie gerne auf eine 10 aufbauen möchte, wäre unsere nächste Frage:

Was wäre ein nächster, konkreter Schritt, um auf eine 8 zu kommen?

Der Sprung von einer 7 auf eine 8 ist kleiner und für den Bewerber viel greifbarer. Aus seiner Antwort können wir dann heraushören, in welchen Feldern er sich noch weiter entwickeln möchten und wir können einschätzen, ob und wie wir diese Entwicklung fördern können. Oftmals werden an dieser Stelle genau die Punkte genannt, die ein Bewerber als vermeintliche Schwächen empfindet.

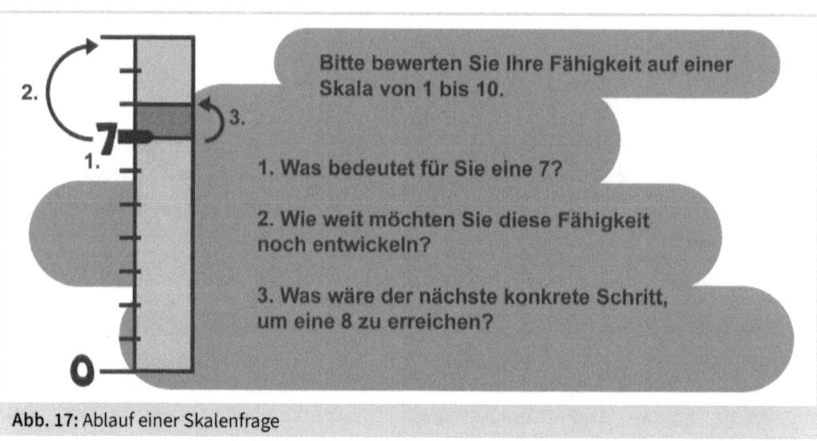

Abb. 17: Ablauf einer Skalenfrage

Im Vorstellungsgespräch gelangen wir mit der Skalenfrage auf geschickte Art und Weise zu Informationen, wie der Bewerber seine aktuelle Führungskompetenz einschätzt und wie er zu dieser Einschätzung kommt. Indirekt erfahren wir von ihm, wo er seine Stärken in der Führung sieht und wieso er genau diese Stärken für wichtig hält. Im weiteren Verlauf erfahren wir, ob der Bewerber seine Führungskompetenz weiter ausbauen möchte oder mit dem Status quo zufrieden ist. Sollte er seine Kompetenzen weiter ausbauen wollen, erfahren wir mit der Frage nach dem nächsten konkreten Schritt, welchen Entwicklungsbedarf der Bewerber für sich erkannt hat.

Sind uns die angestrebten Entwicklungsschritte bekannt, erhalten wir nochmals ein runderes Bild zum Führungsverständnis des Bewerbers und seinen aktuellen Fähigkeiten in diesem Bereich.

Das wichtigste aus Kapitel 10   !

- Die Einbindung des suchenden Teams in die Vorstellungsgespräche erhöht Glaubwürdigkeit und Authentizität und verbessert die Candidate Experience.
- Das Teamfit-Interview ist die einfachste Methode zur Einbindung des Teams in die Vorstellungsgespräche.
- Recruitingteams müssen auf das Führen von Vorstellungsgesprächen vorbereitet werden.
- Es empfiehlt sich Fragetechniken zu schulen und auf Beurteilungs- und Wahrnehmungsfehler zu sensibilisieren.
- Der Grad der Einbindung des Recruitingteams in die Vorstellungsgespräche kann schrittweise erhöht werden. Ein erfahrenes Recruitingteam kann den gesamten Auswahlprozess eigenverantwortlich durchführen.

11 Onboarding

Onboarding? Gehört das noch zum Recruiting? Das Recruiting endet für viele mit der Vertragsunterschrift und das Onboarding beginnt mit dem ersten Arbeitstag des neuen Kollegen. Nur was passiert dazwischen? Die Haufe Onboarding-Umfrage 2019 (Haufe 2019) berichtet, dass 30 % der befragten Firmen Kündigungen von ihren neuen Mitarbeitern zwischen der Vertragsunterschrift und dem ersten Arbeitstag erhalten. Das macht deutlich, wie wichtig das Thema Onboarding ist und dass in der Zeit zwischen Vertragsunterschrift und erstem Arbeitstag der Kontakt zum Bewerber bzw. dann zum neuen Mitarbeiter nicht abreißen darf.

Im Rahmen unseres authentischen und transparenten Vorgehens im Recruiting gehen wir noch einen Schritt weiter. Onboarding beginnt nicht erst mit der Vertragsunterschrift, sondern bereits im Auswahlverfahren selbst. Je nachdem wie sich der individuelle Recruitingprozess gestaltet, hat ein Bewerber bereits sehr früh persönlichen Kontakt zu seinem potenziellen neuen Team. Spätestens in der Auswahlphase mit dem Recruitingteam oder bei einem Team-fit-Interview lernt ein Bewerber sein neues Team kennen. Gedanklich stellen sich in diesem Moment alle Beteiligte die Frage: Möchte ich mit der Person zusammenarbeiten? Wird diese Frage mit Ja beantwortet, starten die ersten gruppendynamischen Prozesse der Teamintegration und das erste Onboarding in den Köpfen (Olberding 2019/2).

Sollte es im weiteren Verlauf des Auswahlverfahrens zu einem Vertragsangebot kommen, so wird es für den Bewerber schwieriger, das Angebot auszuschlagen oder wenig später gar zu kündigen. Durch den frühen Kontakt zum Team und den Austausch zu Aufgabe und Unternehmen entsteht eine gewisse Verbindlichkeit und somit eine erste Bindung zum Team und zum Unternehmen. Selbstverständlich werden für eine Stelle zumeist mehrere Gespräche geführt und am Ende wird nur einer der Bewerber eingestellt. Das frühe Onboarding und die gedankliche Integration des Neuen in das Team sind aber mit jedem Bewerber möglich. Erst mit Aussprache des Vertragsangebots wird es dann ernst. Wenn alle Beteiligten sich bereits zuvor eine Zusammenarbeit gut vorstellen konnten, ist der Arbeitsvertag die formale Bestätigung und erhöht die Verbindlichkeit, den Vertrag auch zu erfüllen.

Das Onboarding beginnt also bereits im laufenden Recruitingprozess. Es geht um die gedankliche Integration des Bewerbers in das Team, das Wecken des Wunsches zur Zusammenarbeit und um eine möglichst frühe Bindung des Bewerbers an sein neues Team und seine neue Aufgabe.

Im Rahmen eines agilen Recruitingprozesses ergeben sich diese positiven Effekte fast von allein und nebenher. Sie können aber auch aktiv gefördert werden. Beispielsweise durch Fragen im Anschluss der geführten Gespräche. Die folgenden Fragen können sowohl dem suchenden Team als auch dem Bewerber gestellt werden:

- Können Sie sich eine Zusammenarbeit vorstellen?
- Was würde Ihnen an einer Zusammenarbeit mit Ihren neuen Kollegen besonders gefallen?

Bei erfahrenen Teams können wir noch ein Stück weiter gehen und im Rahmen eines Team-fit-Interviews das Team und den Bewerber folgende Frage bearbeiten lassen:

- Was wünschen wir uns für unsere zukünftige Zusammenarbeit und wie können wir das gemeinsam erreichen?

11.1   Wie geht es nach Vertragsschluss weiter?

Neben den zuvor beschriebenen positiven Effekten, die sich fast von allein ergeben, braucht es einen konkreten Plan, was nach Vertragsunterschrift alles geschehen soll und kann. Ein gutes Onboarding sorgt ja nicht nur dafür, dass sich der neue Kollege schnell willkommen fühlt. Es sorgt auch dafür, den neuen Mitarbeiter in das Team zu integrieren und schnell zu einem produktiven Teammitglied zu machen. (Olberding 2019/2)

An dieser Stelle raten wir zu einem Onboarding-Workshop mit dem Recruitingteam und ggf. weiteren Mitarbeitern aus dem zukünftigen Team des neuen Kollegen. Ziel des Workshops ist es, das optimale Onboarding-Vorgehen festzulegen und die Aufgaben auf das Team zu verteilen.

Sicherlich wird es in jedem Unternehmen bereits einen Standard geben, was zwingend zu tun ist, um einen neuen Mitarbeiter aufnehmen zu können. Angefangen vom Erfassen der Stammdaten für die Gehaltsabrechnung und Anmeldung bei den Sozialversicherungsträgern über dem Erstellen eines Mitarbeiterausweises und die Einrichtung des Arbeitsplatzes bzw. Bestellung der nötigen Arbeitsmaterialen. Dinge, die für alle Beteiligte selbsterklärend sind. Sie müssen halt »nur« getan werden.

Am besten werden im Onboardingworkshop Aufgaben und Verantwortungen klar verteilt. Hilfreich ist eine Checkliste mit all den Aufgaben, die bei einer Einstellung eines jeden neuen Mitarbeiters zu erledigen sind. Diese Liste sollte von HR erstellt und stetig weiter gepflegt und aktualisiert werden. Sie soll im Recruitingteam und in den jeweiligen Fachbereichen als erste Orientierung dienen.

Neben der Checkliste gibt es noch zahlreiche weitere Dinge, die für ein gutes Onboarding sorgen. Die folgenden Punkte sollen als Anregung dienen, um das Onboarding für den neuen Kollegen noch besser zu machen. In Abhängigkeit von Stelle, Team und Unternehmenskultur gilt es herauszufinden, welche Maßnahmen gezogen werden und wie und von wem sie umzusetzen sind.

Das schwarze Loch nach Vertragsunterzeichnung
Zwischen Vertragsunterzeichnung und erstem Arbeitstag liegen oft drei Monate oder mehr. Schließlich muss der neue Kollege seine jetzige Anstellung aufgeben und sich an die vereinbarte Kündigungsfrist halten – eine lange Zeit, bevor es dann mit dem neuen Job losgehen kann. Der Kontakt zum neuen Mitarbeiter sollte aber unbedingt gehalten werden. Erst recht, wenn er zuvor durch einen agilen Recruitingprozess gewonnen wurde. Während des gesamten Auswahlprozesses haben wir auf eine authentische Kommunikation gesetzt und den Bewerber frühzeitig mit zukünftigen Kollegen bekannt gemacht. Hier darf der Faden nicht abreißen und im Workshop ist zu überlegen, wie das gelingen kann. (Lemke 2020)

Anregungen: Kontakt halten und ausbauen
- Vier Wochen vor dem ersten Arbeitstag sollte sich der Vorgesetzte beim neuen Mitarbeiter melden und erfragen, ob soweit alles in Ordnung ist oder ob Unterstützung für den Jobwechsel benötigt wird.
- Eine Woche vor dem ersten Arbeitstag kann sich ein Teammitglied beim neuen Kollegen melden und die wichtigsten Dinge für den ersten Tag besprechen. Für den neuen Kollegen ist sicherlich interessant, etwas zum Dresscode, der Parkplatzsituation oder auch der Kantine zu erfahren. Nicht zu vergessen die Uhrzeit, wann für ihn der erste Arbeitstag beginnt.

- Finden in der Zeit bis zum ersten Arbeitstag wichtige Veranstaltungen oder Teamevents statt? Auch wenn der Neue noch nicht an Board ist, sollte bei wichtigen Veranstaltungen schon für ihn mitgedacht werden.
- Für einen guten Start kann es sehr hilfreich sein, den neuen Kollegen zu Produktpräsentationen, wichtigen Messen oder internen Workshops einzuladen. Selbstverständlich geschieht das auf freiwilliger Basis und ist unter der Wahrung von Betriebsgeheimnissen und Einhaltung von rechtlichen Vorschriften umzusetzen. Es dürfte aber wenig dagegen sprechen, den neuen Kollegen zu einem Teamevent, der Weihnachtsfeier oder einfach einem lockeren Treffen unter Kollegen einzuladen.

11.2 Ein Pate für eine gute Einarbeitung

Ab dem ersten Arbeitstag kann dem neuen Kollegen ein Pate zur Seite gestellt werden. Der Pate ist für die erfolgreiche Einarbeitung des Neuen zuständig. Dazu können vielen Dinge gehören. Angefangen mit einer kleinen Führung über das Firmengelände, Vorstellung der Teammitglieder, Zeigen von wichtigen Einrichtungen wie der Kantine, dem Parkplatz oder auch dem Büro der IT. Im Vordergrund steht auch die Einweisung in den Arbeitsplatz, das mit den neuen Arbeitsmitteln Vertrautmachen und das Erklären von Abläufen und Prozessen.

Die Aufgabe des Paten kann sich über mehrere Monate erstrecken. Der neue Kollege wird es auf jeden Fall zu schätzen wissen, einen Ansprechpartner für seine fachlichen Fragen zu haben. Sei es nur, um herauszufinden, wer für eine aktuelle Frage der richtige Kollege im Haus ist oder wie ein bestimmter Sachverhalt in der neuen Firma zu regeln ist.

Für eine erfolgreiche Einarbeitung ist es daher ratsam, dass der Pate aus dem eigenen Team des neuen Kollegen kommt. Auf jeden Fall muss er gut mit den Abläufen und Gepflogenheiten vertraut sein, die es auf der Position des Neuen zu kennen gilt. Vor allem in den ersten Wochen ist die Aufgabe des Paten recht zeitintensiv. Das sollte bedacht werden, wenn ein Teammitglied zum Paten ernannt wird. Es ist nicht erforderlich, dass ein Pate die gesamte Einarbeitung übernimmt. Selbstverständlich kann diese Aufgabe auf mehrere Teammitglieder verteilt werden. Der Pate sollte aber einen Blick darauf haben, dass alle Einarbeitungsschritte in einer sinnvollen Reihenfolge erfolgen.

11.3   Ein Buddy für die erst Zeit

Neben einem Paten kann auch ein Buddy an die Seite des Neuen gestellt werden. Während der Pate die fachliche Einarbeitung übernimmt und aus den Reihen des eigenen Teams stammt, verkörpert der Buddy eher die Rolle eines Freundes oder vertrauten Kollegen. Seine Aufgabe ist es, ein offenes Ohr für die Sorgen und Ängste des neuen Kollegen zu haben. Idealerweise stammt der Buddy nicht direkt aus dem Team des neuen Kollegen. Das bietet dem neuen Kollegen dann auch die Möglichkeit über Konflikte in seinem neuen Team oder den Umgang mit schwierigen Kollegen zu sprechen. Gemeinsam ist es oft leichter, schwierige Situationen zu reflektieren und eine Lösung zu finden.

Auch die Rolle des Buddys kann zeitintensiv sein. Vor allem sollte für die Treffen ein ruhiger und zeitlich angemessener Rahmen gewählt werden. Vielleicht ein gemeinsames Essen in der Kantine oder auch ein kleiner Spaziergang, um mit möglichst freiem Kopf zuhören zu können und passende Lösungen zu diskutieren.

11.4   Stammtisch für neue Kollegen

Ein Buddy-Programm mag vielleicht nicht für jedes Unternehmen oder jeden neuen Mitarbeiter das Richtige sein. Dennoch ist es wichtig, für neue Mitarbeiter einen Ort zu schaffen, wo sie ihre aktuellen Sorgen und Ängste teilen können. Besonders für Mitarbeiter, die für den neuen Job ihre alte Heimat verlassen haben, ist es wichtig, schnell Anschluss zu finden. Das darf gerne im eigenen Team geschehen, Vernetzungen und Freundschaften über die Teamgrenze hinaus sind aber ebenfalls wichtig.

Eine einfache Maßnahme wäre es, einen Stammtisch für neue Kollegen einzurichten. Dazu braucht es eigentlich nur einen Termin, der in regelmäßigem Abstand stattfindet, z. B. eine gemeinsame Mittagspause jeden ersten Mittwoch im Monat. Bis sich dieser Termin etabliert hat, ist eine Anschubhilfe von Seiten HR hilfreich, indem alle neuen Kollegen informiert und motiviert werden, diesen Termin wahrzunehmen. Nach wenigen Monaten dürfte der Stammtisch der neuen Kollegen zu einem Selbstläufer werden.

Neben den Maßnahmen zum Onboarding dürfen Feedback-Loops nicht vergessen werden. Im Workshop zum Onboarding sollte daher auch darüber gesprochen werden, wer zu welchem Zeitpunkt Feedback vom neuen Mitarbeiter und seinen Kollegen einholt.

Für das Recruitingteam dürfte es von Interesse sein, wie gut der neue Kollege seine neue Aufgabe ausfüllt und wie sich die Zusammenarbeit mit ihm gestaltet. Dahinter verbirgt sich nicht nur die Frage, ob die Probezeit überstanden wird, sondern auch, wie gut der Auswahlprozess des Recruitingteams war. Wurde der richtige Kandidat für die richtige Stelle gefunden oder wurden bereits im erstellten Anforderungsprofil nicht die richtigen Kompetenzen und Anforderungen bedacht? Diese Fragen liefern wichtige Informationen zur Verbesserung des Recruitingprozesses und zur Arbeit im Recruitingteam.

Während des Onboardings können Feedbackgespräche mit dem neuen Kollegen vereinbart werden. Ziel ist es herauszufinden, wie gut sich der neue Kollege inzwischen einleben konnte. Es sollten auch Feedbackgespräche zum Recruitingprozess geführt werden, um eine Rückmeldung zu erhalten. Wie wurde das Auswahlverfahren erlebt, was ist in besonders positiver Erinnerung und was hätte besser laufen können? Eine weitere zentrale Frage ist, wie sehr die im Auswahlverfahren beschriebene Stelle dem tatsächlichen Erleben des Kandidaten und seinen Erwartungen entspricht. An dieser Stelle befinden wir uns in der Checkphase des PDCA-Zyklus und halten eine kleine Retrospektive mit dem neuen Mitarbeiter zum Recruiting- und vielleicht auch zum Onboardingprozess.

Neben den Feedbackgesprächen mit dem neuen Kollegen können auch Gespräche mit Kollegen aus dem Team und weiteren Personen geführt werden, die mit dem neuen Kollegen eng zusammenarbeiten. Ziel dieser Befragung durch das Recruitingteam soll es sein, zu erfahren, wie treffend ihr Auswahlverfahren war und ob tatsächlich der richtige Kollege an Bord geholt wurde. Ein wenig gleichen diese Befragungen dem Feedback, dass i. d. R. die Führungskraft einholt, um anschließend über das Bestehen der Probezeit entscheiden zu können.

Es gibt einen kleinen, wichtigen Unterschied zwischen der Befragung des Teams durch das Recruitingteam und der Führungskraft. Während die Führungskraft Informationen für die Entscheidung zur bestandenen Probezeit sammelt, verfolgt das

Recruitingteam das Ziel, das Auswahlverfahren weiter zu verbessern. Auch wenn unterschiedliche Ziele in der Befragung verfolgt werden, wird es Überschneidungen zwischen der Intention der Führungskraft und des Recruitingteams geben. Bei erfahrenen Recruitingteams ist daher durchaus denkbar, dass sie auch auf die Entscheidung zur bestandenen Probezeit Einfluss nehmen.

Ein erster Schritt in diese Richtung kann darin bestehen, dass die Teamkollegen des neuen Mitarbeiters lernen, direktes Feedback zu geben und anstelle mit Führungskraft oder Recruitingteam direkt mit dem neuen Kollegen in den Austausch gehen. Bereits im gesamten Auswahlverfahren haben wir uns authentisch und transparent gezeigt. Während des Onboarding und auch im alltäglichen Miteinander sollte das Team daran festhalten und weiterhin auf Augenhöhe mit dem neuen Kollegen kommunizieren und nicht auf Führungskraft oder Recruitingteam als Mittelsmann setzen.

Direktes Feedback zu geben ist für viele Mitarbeiter unangenehm, vor allem, wenn auch kritische oder störende Verhaltensweisen angesprochen werden sollen. Feedback geben und nehmen will gelernt sein und es braucht ein wenig Zeit, bis sich eine echte Feedback-Kultur entwickelt. Im Rahmen der agilen Transformation, der Selbstorganisation und der Selbstverantwortung jedes einzelnen im Team ist es hilfreich, wenn z. B. HR Hilfestellung bietet und zum gegenseitigen Feedback ermutigt. Wichtig ist auch zu betonen, dass Feedback auch positiv sein darf.

Das Wichtigste aus Kapitel 11

- Onboarding beginnt ab dem ersten Kontakt zwischen Bewerber und Unternehmen.
- Bereits im Auswahlprozess zeigen sich erste Teambildungsdynamiken, die sich verstärken, je weiter fortgeschritten das Auswahlverfahren ist.
- Zwischen Vertragsschluss und erstem Arbeitstag darf der Kontakt zum neuen Kollegen nicht pausieren.
- Das Recruitingteam ist mitverantwortlich für ein erfolgreiches Onboarding.
- Spätestens zum Ende der Onboardingphase hat das Recruitingteam die Fragen zu stellen: »Wurde der richtige Kandidat für die Stelle ausgewählt?« und »Konnten die Erwartungen des Kandidaten erfüllt werden?«.

12 Ausblick – Wie es weiter geht

Mit einem agilen Ansatz im Recruiting gehen wir auf die gestiegene Komplexität im Recruiting ein. Nicht nur, dass die gewünschten Fachkräfte auf dem Arbeitsmarkt rar zu sein scheinen, wir leben in einer Welt, die sich immer schneller wandelt. Auf die klassischen Berufsbilder kann im Recruiting ebenso wenig gesetzt werden wie auf gutgemeinte Zukunftsprognosen. Es sind nicht nur einzelne Branchen – wie vor Jahren z. B. die Fotografie- oder Musikindustrie –, die einen starken Wandel durchlebt und selten überlebt haben. Heute sehen wir die Automobilindustrie, wie sie nach neuen Mobilitätslösungen sucht und völlig neue Kompetenzfelder für sich erschließen muss. Das alles in Zeiten einer globalen Pandemie, deren Ausmaß und Folgen für die Wirtschaft und das Zusammenleben nur schwer vorhergesagt werden können.

Für das Recruiting neuer Mitarbeiter lässt sich daraus ableiten, dass andere Kompetenzen und Fähigkeiten innerhalb der Belegschaft an Bedeutung gewinnen. Ein neuer Mitarbeiter kann nicht mehr nur für eine genau definierte Aufgabe gesucht werden. Vielmehr muss er in der Lage sein, kommende Anpassungen eines Unternehmens an noch unbekannte Herausforderungen nicht nur mitgehen, sondern mit vorantreiben zu können. Nur so ist es möglich, dass der Mitarbeiter auch langfristig in einem Unternehmen erfolgreich tätig sein kann – oder anders gesagt, dass sich ein Unternehmen auch in unsicheren Märkten schnell anpassen kann. Folglich steigt die Bedeutung der kompetenzbasierten Personalauswahl.

Der Kampf um die besten Talente wird sich weiter verschärfen. Für Bewerber erscheinen verschiedene Jobangebote von unterschiedlichen Firmen zunächst als gleichwertig. Häufig unterscheiden sie sich auch nur wenig hinsichtlich Aufgabeninhalten und Bezahlung. Für eine gute Candidate Experience setzen wir im agilen Recruiting auf die Einbindung des Teams und auf authentische und transparente Einblicke in die Aufgabe und das neue Team.

Gleichzeitig gestalten wir unsere Recruitingprozesse so flexibel, dass wir auf die verschiedensten Veränderungen auf dem Arbeitsmarkt und des gesamten Unternehmens frühzeitig reagieren können. Individuelle Recruitingprozesse, die sich an den Bedürfnissen und Fähigkeiten der Bewerber ausrichten, ermöglichen eine persönliche und wertschätzende Kommunikation mit den Bewerbern entlang des gesamten Recruitingprozesses.

12.1   Die Chancen und Möglichkeiten

Das Vorgehen im agilen Recruiting hilft, die richtigen Mitarbeiter zu gewinnen. Bei der Personalauswahl wird vor allem auf Fähigkeiten und Kompetenzen geachtet, sodass eine langfristige Zusammenarbeit möglich ist. Dies steigert auch die Mitarbeiterzufriedenheit und verringert gleichzeitig die Fluktuation, vor allem innerhalb der Probezeit. Die Strahlkraft zufriedener Mitarbeiter und die authentische Kommunikation im Auswahlverfahren füllen die Talente-Pipeline mit passenden Bewerbern.

Dieser Ansatz und auch die Einbindung des suchenden Teams zahlt auf unterschiedliche Weise auf den Recruitingerfolg ein und hat darüber hinaus noch weitere positive Aspekte. Einige von ihnen wurden auf den vorherigen Seiten bereits genannt. An dieser Stelle möchten wir die Vorteile noch einmal zusammentragen und etwas ausführlicher darauf eingehen.

Recruiting auf mehrere Schultern verteilen
Das Recruiting wird auf mehrere Schultern verteilt, der Terminkalender der Führungskraft ist nicht mehr das Nadelöhr für die Terminfindung bei Vorstellungsgesprächen. Schnelligkeit ist das A und O im Recruiting. Kurze Reaktionszeiten und ein möglichst schneller und persönlicher Kontakt mit den Bewerbern beschleunigen den Recruitingprozess und erhöhen auf beiden Seiten die Verbindlichkeit, offen und fair miteinander umzugehen. Schließlich kennt man sich nun persönlich und kann sich nicht mehr hinter Stellenanzeige bzw. Bewerbungsmappe verstecken.

Schneller, persönlicher und verbindlicher im Recruitingprozess – das erscheint einleuchtend, erfordert aber auch mehr Zeit und die nötigen Ressourcen. Ein Recruitingteam und vor allem die Einbindung des suchenden Teams können helfen.

Denken wir beispielsweise an eine häufig zu beobachtende Situation in Unternehmen. Auf eine Stellenausschreibung sind ein paar vielversprechende Bewerbungen eingegangen. Idealerweise können wir nun direkt mit dem Auswahlverfahren starten.

Leider wurde die Führungskraft gerade von der Geschäftsführung mit einem besonders wichtigen und eiligen Projekt beauftragt, sodass aktuell keine Kapazitäten frei sind, um Vorstellungsgespräche zu führen.

Losgelöst von der Frage, welche Stellung Personalgewinnung in einem Unternehmen haben sollte, bleibt in solchen Fällen nur die Möglichkeit, die Bewerber zu vertrösten und darauf zu hoffen, dass sie zu einem späteren Zeitpunkt noch Interesse an der Stelle haben und weiterhin verfügbar sind. Schließlich schläft die Konkurrenz nicht, auch unser Wettbewerber ist auf der Suche nach passenden Talenten.

Ein Recruitingteam hilft an dieser Stelle, vor allem bei der zeitintensiven Personalauswahl. Ein schnellerer Erstkontakt mit den Bewerbern und zeitnahe Vorstellungsgespräche sind möglich. Schritt für Schritt werden die Kandidaten für die Endauswahl identifiziert, zu der spätestens dann auch die Führungskraft anwesend sein sollte.

Die Schärfung des trüben Blicks
Es ist nicht ungewöhnlich, wenn Führungskräfte sich im Laufe der Zeit vom operativen Tagesgeschäft entfernen. Schließlich liegt ihre Aufgabe in der Führung ihres Teams und auch in der strategischen Gestaltung des Arbeitsumfeldes. Dies führt unwissentlich dazu, dass sich der Blick einer Führungskraft auf die Aufgaben in ihrem Team trübt. Woher soll sie auch im Detail wissen, welche täglichen Herausforderungen die Teammitglieder meistern und vor allem welche Fähigkeiten sie genau dazu brauchen?

Erinnern wir uns an das Beispiel mit dem Buchhalter (in Kapitel 5.1). Die fachlichen Skills für diese Stelle wird eine Führungskraft schnell aufzählen können. Welche Herausforderungen der Arbeitsalltag tatsächlich bereithält, weiß jedoch vor allem das Team. Es wird jedem klar sein, dass ein Buchhalter Belege bucht. Was aber alles getan werden muss, damit die nötigen Belege ihren Weg aus den verschiedenen Fachbereichen zurück zur Buchhaltung finden, kann stark variieren. Von einer freundlichen Erinnerung über ein verbindliches Nachfassen oder gar ein detektivisches Aufspüren verschollener Belege können die Anforderungen auf dieser Stelle sehr unterschiedlich sein.

Die Einbindung des Teams in die Anforderungsanalyse hilft, den getrübten Blick wieder zu klären. Das Team weiß, welche Kompetenzen für die zu besetzende Stelle wirklich nötigt sind und welche versteckten Herausforderungen ihnen dabei täglich begegnen. Das Team als Bestandteil des Recruitingteams trägt so wesentlich zur Schärfung des Anforderungsprofils bei. Es kann den Blick auf die Kompetenzen lenken, die es wirklich braucht, um in ihrem Team erfolgreich zu sein.

Authentisch und glaubwürdig in jedem Schritt
Die Einbindung des Teams erlaubt es uns, auf einer ganz neuen Ebene mit potenziellen Bewerbern in Kontakt zu treten. Der Außenauftritt eines Unternehmens, eines Fachbereichs oder Teams wird nicht mehr nur davon geleitet, sich möglichst positiv darzustellen oder im Fall des Personalmarketing möglichst viele Bewerbungen zu generieren. Vielmehr werden echte Einblicke in Aufgaben und Unternehmen gegeben.

Durch diese echten und authentischen Einblicke stellt sich ein Unternehmen so dar, wie es wirklich ist. Ein solcher Auftritt wird von möglichen Bewerbern ganz anders wahrgenommen und bewertet. Vor allem wissen sie Authentizität zu schätzen. Schließlich besteht seitens der Bewerber auch Unsicherheit darüber, wie es wirklich ist, in einem anderen Unternehmen zu arbeiten. Da hilft es, Informationen zu bekommen, aus denen nicht erst der Marketinganteil herausgefiltert werden muss.

Das beginnt bereits bei der Ansprache möglicher Bewerber, sei es durch eine Personalmarketing-Kampagne oder doch ganz klassisch über die Stellenanzeige, das Auswahlverfahren und schließlich die Vertragsverhandlungen und das Onboarding. In jedem Schritt des Recruitingprozesses bestehen zahlreiche Möglichkeiten, authentisch und somit glaubwürdig gegenüber den Bewerbern aufzutreten.

Das Recruitingteam ist beispielsweise gut beraten, zu aktuellen Problemen und schwierigen Beziehungen Einblicke zu geben. Auch für einen Bewerber auf Job-Suche wird es nicht überraschend zu hören sein, dass es auch in diesem Unternehmen Menschen gibt, mit denen er sich reiben kann oder dass es Aufgaben gibt, zu denen noch keine Lösungen bestehen. Vielmehr schaffen diese Einblicke Vertrauen und gemeinsam können Recruitingteam und Bewerber noch besser herausfinden, wie gut offene Stelle und Bewerber zusammenpassen.

Kommunikation unter »Gleichen«
Die Vorteile von »authentisch und glaubwürdig in jedem Schritt« werden durch die Kommunikation unter »Gleichen« noch verstärkt. Unter Kommunikation unter »Gleichen« verstehen wir Gespräche auf echter Augenhöhe und zwar auf gleicher (hierarchischer) Ebene. Ein Gespräch zwischen zukünftigen Teamkollegen und Bewerber kann eine ganz andere Tiefe erreichen und erhöht nochmals die Authentizität und Glaubwürdigkeit.

Die Aussage einer Führungskraft: »Wir sind ein tolles Team!«, sagt eine ganze Menge über die Führungskraft und das neue Team aus. Unabhängig davon, wie zutreffend diese Aussage sein mag, dürfte nahezu jedem Bewerber klar sein, dass eine Führungskraft im Vorstellungsgespräch kaum anders reden kann. Erst im Austausch mit dem Team erhält der Bewerber einen glaubhaften Eindruck, der noch verstärkt wird, wenn das Team berichtet, sie hätten einen tollen Chef.

Ähnlich verhält es sich mit Einblicken in die eigentliche Aufgabe. Erfolgt beispielsweise eine Aufgabenbeschreibung seitens HR im Vorstellungsgespräch, werden Bewerber den Ausführungen des HR-Mitarbeiters sicherlich Glauben schenken. Zweifel werden aber bleiben, ob die Aufgaben in der nötigen Tiefe vermittelt wurden und was sich nun genau dahinter verbirgt. Diese Zweifel werden durch eine Kommunikation unter »Gleichen« aus dem Weg geräumt.

Darüber hinaus erhält der Bewerber im Gespräch mit zukünftigen Kollegen auch die Möglichkeit Fragen zu platzieren, die im Rahmen eines klassischen Vorstellungsgesprächs oftmals als unpassend empfunden werden, aber für den Bewerber von großer Bedeutung sind. Angefangen mit der Frage, wie ist der Chef, über Urlaubsregelungen und Fragen zur Arbeitszeit- und Arbeitsortgestaltung.

Individuelle Recruitingprozesse
Die größte Stärke im agilen Recruiting liegt in der individuellen Gestaltung der Recruitingprozesse. Es gibt kein One-size-fits-all-Vorgehen. Vielmehr wird der Recruitingprozess individuell auf die zu besetzende Situation und auf die Bedürfnisse des Bewerbers angepasst.

Unterschiedliche Stellen, unterschiedliches Vorgehen. Selbstverständlich durchläuft ein Praktikant ein anderes Auswahlverfahren als der neue Bereichsleiter. Durchlaufen aber alle Bereichsleiter den gleichen Auswahlprozess? Die Dynamik unserer Arbeitswelt macht es notwendig, dass wir in der Personalauswahl den Blick auf die individuellen Fähigkeiten und Kompetenzen eines Bewerbers richten und gemeinsam mit ihm herausfinden, wie der Bewerber diese Fähigkeiten bestmöglich in unser Unternehmen einbringen kann.

Uniforme Recruitingprozesse erlauben es uns nicht, auf die Individualität eines Bewerbers einzugehen und auch neue, uns unbekannte Lösungsansätze zu erkennen und zu entwickeln. Die Frage im Recruiting lautet also nicht, wie ist der nächste

Schritt in unserem Prozess, sondern, welche Information benötige ich als nächstes, um eine Entscheidung treffen zu können. Im agilen Recruiting halten wir dazu eine Auswahl unterschiedlichster Methoden bereit, die individuell und situativ vom Recruitingteam gezogen werden können, um diese Frage zu beantworten.

Im Auswahlverfahren für die Position des Vertriebsleiters stellt sich z. B. die Frage, ob der Bewerber in der Lage ist, ein gewachsenes, senioriges Team für sich zu gewinnen und das Team für die neue Vertriebsstrategie zu begeistern. Für diese Aufgabe gibt es keine Musterlösung. In Abhängigkeit von Fähigkeiten und Erfahrungen des Bewerbers können völlig unterschiedliche Kompetenzen zum Einsatz kommen. Welche das sind und wie sie im Vorstellungsgespräch zu prüfen sind, ist vom Recruitingteam individuell herauszufinden.

Schneller zum produktiven Mitarbeiter
Im agilen Recruiting versuchen wir besonders schnell in den persönlichen Kontakt mit den Bewerbern zu gelangen. Sei es durch die authentische Kommunikation in den frühen Phasen des Personalmarketings oder durch die Kommunikation unter »Gleichen«. Im gesamten Recruitingprozess zeigen wir uns nahbar und legen Wert darauf, den Bewerber kennen zu lernen.

Diese Nähe sorgt bereits sehr früh dafür, dass eine gewisse Verbindlichkeit zwischen Bewerbern und Unternehmen entsteht. Diese fördert zum einen eine offene Kommunikation und führt bei den Bewerbern bestenfalls zu einer Identifikation mit Unternehmen und Stelle.

Ein enger und vertrauensvoller Austausch nimmt alle Beteiligte in die Pflicht, offen und ehrlich miteinander umzugehen. Ist ein Stellenangebot nicht passend oder gibt es Bedenken hinsichtlich einer bestimmten Qualifikation oder Anforderung, kann dies direkt angesprochen werden. Entweder ist es möglich diese Bedenken zu klären oder es wird die Entscheidung getroffen, dass man an dieser Stelle nicht zusammenpasst. Ein Hinhalten und Abwarten im Auswahlverfahren wird für beide Seiten erschwert.

Während des Auswahlverfahrens erhalten die Teammitglieder die Chance, sich nicht nur gedanklich mit dem neuen Kollegen anzufreunden. Spätestens in den Vorstellungsgesprächen besteht die Möglichkeit des persönlichen Kennenlernens und des ersten Schritts des Onboardings des neuen Kollegen.

Die Chancen von agilem Recruiting auf einen Blick:

- Es wird der Blick auf die Kompetenzen geschärft, die es wirklich braucht, um in der gesuchten Rolle erfolgreich zu sein.
- Der Job-Fit einer jeden Einstellung wird verbessert.
- Es werden Unzufriedenheit und Kündigungen in der Probezeit reduziert.
- Die Talentepipeline wird durch authentische und transparente Einblicke in das Unternehmen und Team gefüllt.
- Hohe Akzeptanz für den neuen Kollegen, da das Team involviert wurde und die Einstellungsentscheidung mitträgt.
- Schneller zum produktiven Mitarbeiter und Verkürzung der Onboardingphase.
- Förderung der Selbstorganisationsfähigkeit des Teams.

12.2   Die Risiken und der Aufwand

Bereits beim ersten Lesen der aufgelisteten Vorteile wird deutlich, welches Potenzial in einem agilen Recruitingansatz steckt und welche Möglichkeiten sich auftun, um sich am Arbeitsmarkt vom Wettbewerb zu distanzieren und die besten Talente für das eigene Unternehmen zu gewinnen. Fairerweise sind an dieser Stelle aber auch die Risiken und der erhöhte Aufwand zu nennen, die ein agiler Recruitingansatz mit sich bringt.

Neben der kompetenzbasierten Personalauswahl ist die Einbindung des suchenden Teams der größte Erfolgsfaktor und zugleich das größte Risiko. Die Übertragung von Verantwortung auf das Recruitingteam und damit auch auf einzelne Mitglieder des suchenden Teams stellt eine Aufgabe dar, in die alle Beteiligte schrittweise hineinwachsen müssen.

Die Führungskraft bleibt verantwortlich

Unabhängig davon, wie stark ein Recruitingteam beispielsweise in die Personalauswahl und letztendlich in die Einstellungsentscheidung eingebunden wird, die Verantwortung für diese Entscheidung trägt weiterhin die Führungskraft. Nahezu in allen Unternehmen ist sie wenigsten für die disziplinarische Führung verantwortlich und hat ein berechtigtes Interesse daran, auf jede Einstellungsentscheidung Einfluss nehmen zu können.

Neben der rein disziplinarischen Führung ist die Führungskraft auch in der Pflicht, gemeinsam mit ihrem Team die geforderte Leistung zu bringen. Im eigenen Interesse und im Interesse des gesamten Teams trägt sie die Verantwortung für die Vorgaben und die gesetzten Ziele der Geschäftsführung zu erreichen. In Hinblick auf die eigene Karriere der Führungskraft und auf die Reputation des Teams wird sich eine Führungskraft schwer tun, Verantwortung – vor allem für Einstellungsentscheidungen – zu delegieren oder ein Mitbestimmungsrecht einzuräumen.

Das Team kann nicht unternehmerisch denken

Ein häufig genannter Kritikpunkt und zugleich auch ein zu beachtendes Risiko ist, dass Mitarbeiter nicht über die nötige Erfahrung in der Personalauswahl verfügen. Vorstellungsgespräche würden wenig strukturiert erfolgen und Fragen eher situativ und zusammenhangslos gestellt werden. Im Ergebnis würden Mitarbeiter den Kandidaten favorisieren, der ihnen am sympathischsten ist und ihre Entscheidung vor allem aus dem Bauch heraus treffen.

Oftmals wird in diesem Zusammenhang weiter argumentiert, dass Teams dazu neigen, sich für den Kandidaten zu entscheiden, der ihnen besonders ähnlich ist und sich harmonisch ins Team einfügt. Beschrieben wird hier also eine Situation, in der sich vor allem homogene Teams bilden. Ein solches Team arbeitet in der Regel sehr harmonisch miteinander, steht aber zeitgleich auch für Stillstand und wenig Innovation. Viele Studien haben bewiesen, dass vor allem heterogene Teams, also Teams die sehr divers aufgestellt sind, die besseren Leistungen bringen. Durch ihre Diversität und unterschiedlichen Fähigkeiten gelingt es ihnen, bessere Ergebnisse zu erzielen und sich kontinuierlich weiter zu entwickeln.

Diese genannten Risiken sind ernst zu nehmen. Sie sind aber nicht allein auf die Einbindung der Mitarbeiter in den Recruitingprozess zurückzuführen. Auch Führungskräfte, vor allem wenig erfahrene oder Führungskräfte, die selten auf Personalsuche sind, verfügen nicht per se über die nötigen Kompetenzen in der Personalauswahl. Unstrukturierte Gespräche und Entscheidungen aus dem Bauch heraus sind bei ihnen genauso zu beobachten. Gegenüber dem Team haben Führungskräfte den Vorteil, dass sie über die Zeit Erfahrungen in der Personalauswahl sammeln konnten. Wie sich ihre Recruitingkompetenz im Laufe der Zeit verbessert hat, steht auf einem anderen Blatt.

Ob ein Team die richtige Einstellungsentscheidung trifft und welche Rolle Sympathie- oder Ähnlichkeitseffekte haben, ist nicht unerheblich. Gleiches gilt auch für die Führungskraft, auch sie ist nicht frei von Wahrnehmungs- und Beurteilungsfehlern. Wir können davon ausgehen, dass es einer Führungskraft leichter fallen wird, durch eine gezielte Personalauswahl Einfluss auf die Homogenität des Teams zu nehmen. Das sagt aber noch nichts darüber aus, ob eine Führungskraft eine möglichst objektive und gute Einstellungsentscheidung trifft oder ob auch sie den verschiedenen Beurteilungsfehlern unterlegen ist.

Der agile Ansatz bringt Schwächen zum Vorschein
Für den gesamten Auswahlprozess lässt sich zusammenfassen, dass auch für das agile Recruiting die gleichen Herausforderungen gelten, wie in einem klassischen Setting. Wie in einem jeden agilen Prozess bringt es die Schwachstellen und Gefahren schneller zum Vorschein und macht sie für alle Beteiligte transparenter. Ein agiler Ansatz fordert eine hohe Fachlichkeit in der Personalauswahl, wie sie eigentlich in jedem Auswahlverfahren gefordert wird. Das Zusammenspiel verschiedener Akteure bringt schnell zum Vorschein, wenn Methoden und Praktiken nicht richtig eingesetzt wurden oder erst gar nicht zur Anwendung kamen.

An dieser Stelle haben wir es nicht zwangsläufig mit einem höheren Risiko zu tun, sondern mit einem gestiegenen Aufwand für HR. Die Vermittlung von Recruiting-Kompetenzen, wie z. B. eine kurze Schulung zu Beurteilungs- und Wahrnehmungsfehlern, ist nicht mehr nur für Führungskräfte zu empfehlen, sondern muss für alle Mitglieder des Recruitingteams erfolgen. Ähnliches gilt für die Vermittlung von Gesprächsführungs- und Fragekompetenzen. Hier ist es Aufgabe von HR, sein Wissen zu teilen und die verschiedenen Recruitingteams schrittweise zu enablen.

In welchem Umfang dies nötig ist, hängt vom angestrebten Grad der Einbindung des Teams in den Recruitingprozess ab und von der Anzahl zu besetzender Stellen. Die Vermittlung des nötigen Know-hows sollte schrittweise entlang des Recruitingprozesses erfolgen und sich mit jedem neuen Kandidaten ein Stück verbessern. Auf diesem Weg lernen mit der Zeit auch die Teams, Einstellungsentscheidungen zu treffen, die ihr Team nach vorne bringen und zu der gewünschten Heterogenität führen.

Abschließend sei zu diesem Punkt angemerkt, dass es auch in einem agilen Recruiting nicht das Ziel sein muss, einer Führungskraft ihre Entscheidungsbefugnisse abzunehmen. Vielmehr steht im Vordergrund, durch das Recruitingteam das gesamte Team an einer Entscheidung teilhaben zu lassen. Ziel ist es, gemeinsam eine Einstellungsentscheidung zu treffen, die von allen Beteiligten getragen wird. Die Qualität der Entscheidungen steigt, wenn alle Beteiligten über die nötigen Kompetenzen in der Personalauswahl verfügen. Dies wiederum führt dazu, dass eine Führungskraft mehr Vertrauen in die Auswahlentscheidungen ihres Teams legen kann.

Hoher Koordinationsaufwand

Als einen großen Vorteil haben wir die Terminfindung genannt. Sicherlich ist es im Auswahlverfahren hilfreich, wenn nicht mehr der Terminkalender der Führungskraft das Nadelöhr ist. Termine für Gespräche mit Kandidaten können so zeitnah vereinbart werden. Auf der anderen Seite kann der interne Abstimmbedarf steigen. Wo zunächst nur ein passender Termin für Führungskraft, HR und Bewerber gefunden werden musste, sind es nun die Terminkalender der Mitglieder im Recruiting, in denen eine passende Lücke gefunden werden muss.

Schwieriger wird es nochmal, wenn mehrstufige Interviews geführt werden sollen. Zum Beispiel dann, wenn zunächst ein Fachinterview mit dem Bewerber geführt wird und direkt im Anschluss ein Social-fit-Interview geführt werden soll. Zusätzlich könnte als drittes Element noch das Kennenlernen mit dem gesamten Team auf der Agenda stehen. Die Terminierung eines solchen Gesprächkette ist um ein Vielfaches komplexer. Hinzu kommen Abstimmgespräche vor und nach dem Interview zwischen den verschiedenen Interviewgruppen, um sich gegenseitig von ihren Erfahrungen und Eindrücken zum Bewerber zu berichten.

Eine gute Vorbereitung und die zusätzlichen Abstimmtermine verbessern die Qualität des Auswahlverfahrens und letztendlich auch die Einstellungsentscheidung. Sie tragen also zu einer besseren Personalauswahl bei. Ein sicherlich wünschenswertes Ergebnis, welches aber auch mit dem erhöhten Koordinationsaufwand einhergeht.

Es lässt sich folglich nicht pauschal behaupten, dass der Recruitingprozess beschleunigt wird. Auf der fachlichen Ebene wird aber die Qualität erhöht und durch die authentische Kommunikation unter »Gleichen« die Candidate Experience gesteigert.

Verantwortung und Mitbestimmung muss klar geregelt werden

Ein weiterer Stolperstein ist eine falsche Erwartungshaltung innerhalb des Recruitingteams und auch innerhalb des Teams, das über eine offene Position verfügt. Welche Rolle welches Teammitglied im Recruitingprozess einnimmt und welche Aufgaben damit verbunden sind, ist zuvor festzulegen. Ein häufiger Fehler ist z. B. zu beobachten, wenn zuvor nicht über die Möglichkeiten der Mitbestimmung und Entscheidungsfindung gesprochen wurde. Während Führungskraft und HR oftmals bereits eingespielt sind, Einstellungsentscheidungen gemeinsam zu treffen, ist es für die verbleibenden Mitglieder im Recruitingteam Neuland.

Bevor es also zu einer Entscheidung kommt, welche Kandidaten zu einem Interview eingeladen werden oder nicht, sollte allen Beteiligten klar sein, welches Gewicht die jeweilige Stimme hat. Es ist völlig legitim, und zumeist auch von allen akzeptiert, wenn das Team zunächst Empfehlungen äußern darf, aber über kein Stimmrecht verfügt. Wurde diese Regelung zu Beginn des Auswahlverfahrens getroffen, ist alles OK. Erfahren die Teammitglieder erst im laufenden Auswahlverfahren, wenn sie z. B. einen Kandidaten vorschlagen, der von ihrer Führungskraft abgelehnt wird, dass sie über kein Stimmrecht verfügen, wird dies als Vertrauensbruch gewertet und die Bereitschaft des Teams, sich weiter einzubringen, sinkt.

Auch die Aufgabenverteilung ist klar zu regeln. Wer führt den Kandidaten durch den gesamten Prozess und übernimmt neben der Koordination auch die Kommunikation mit den Bewerbern und schreibt beispielsweise die Einladungen für die Interviews? In den Gesprächen selbst muss den Beteiligten ihre Aufgabe klar sein. Greifen wir das vorherige Beispiel mit einem dreistufigen Interview wieder auf. In einem solchen Auswahlverfahren darf es nicht passieren, dass der Kandidat in jedem dieser drei Gespräche gebeten wird, kurz auf seine Vita einzugehen. Der Erkenntnisgewinn in zwei der drei Interviewphasen liegt in diesem Fall bei null. Für den Kandidaten wäre dieses Vorgehen ermüdend und zugleich käme zurecht bei ihm die Frage auf, ob die Mitarbeiter in dieser Firma eigentlich wissen, was die anderen so machen.

Es geht aber nicht nur darum, Wiederholungen zu vermeiden, sondern auch sicherzustellen, dass in jedem Schritt die zuvor festgelegten Qualifikationen und Kompetenzen erfragt werden. Zu dieser Aufgabenverteilung gehört das Erfragen der Kündigungsfrist und des Gehaltswunsches. Besonders in diesem letzten Punkt braucht es Klarheit im Team, wer zu diesem Thema welche Auskünfte geben darf und wer diese Frage aktiv in den Gesprächen stellt. Ein pflichtbewusstes oder übereifriges Teammitglied schießt ansonsten schnell über das Ziel hinaus und startet Diskussionen, für die das Team zu diesem Zeitpunkt nicht reif ist.

Das Team soll arbeiten – Recruiting ist Sache von HR
Nicht wirklich ein Risiko aber ein häufig angeführtes Argument gegen die Einführung eines agilen Recruiting ist es, dass Recruiting ein HR Thema sei und gefälligst auch von HR zu lösen ist. Es ist ein wenig unklar, woher diese Haltung genau kommt. Selbstverständlich ist sie sehr bequem, der benötige Personalbedarf wird an HR gemeldet und die Kollegen haben dann zu liefern. Geliefert wie bestellt, mit Schleifchen dran, klar wer hätte das nicht gerne. Wäre es so einfach, bräuchten wir auch gar nicht erst über die Einbindung der Fachbereiche oder den Aufbau von Recruitingteams sprechen. Recruiting wäre kein Teamsport, wie eingangs beschrieben, sondern eher ein großes Lager, in dem der zuständige HR Kollege einfach ins richtige Regal greift und die gewünschte Anzahl neuer Kollegen liefert.

Die Realität schaut anders aus. Jedes Unternehmen hat Schwierigkeiten, die richtigen Talente zu gewinnen. Viele setzen dabei auf Recruiter, die speziell auf ihren einen Bereich geschult wurden und sich passend vernetzen. Der IT-Recruiter war vermutlich der erste seiner Art, der sich auf einen der stärksten umkämpften Arbeitsmärkte spezialisiert hat.

Eine Möglichkeit wäre es also, bei HR den Personalstand aufzustocken und jedem Fachbereich seinen eigenen Recruiter zu stellen. Dieser kann sich in die fachliche Domäne einarbeiten und sich mit der Zeit ein passendes Netzwerk mit potenziellen Bewerbern aufbauen. Für Unternehmensbereiche mit einem hohen Personalbedarf gar nicht abwegig. Wobei die positiven Effekte der beschriebenen authentischen Kommunikation unter »Gleichen« sich nicht einstellen werden.

Für Bereiche im Unternehmen, die einen geringeren Personalbedarf aufweisen, lohnt sich ein eigener, auf diesen Bereich spezialisierter Recruiter nicht, und ein Recruitingteam scheint die sinnvolle Variante zu sein.

Sicherlich wird es in Unternehmen beides geben, spezialisierte Recruiter, die eng mit den Fachbereichen zusammenarbeiten und auch auf die Einbindung des suchenden Teams setzen sollten, und Recruitingteams, die ebenfalls von HR unterstützt werden, aber nicht in den Genuss eines eigenen Recruiters kommen werden.

Beide Szenarien entkräften aber das Argument, dass HR allein dafür zu sorgen hat, die richtigen Talente für das Unternehmen zu gewinnen. Recruiting hat sich zu einem Teamsport entwickelt, in dem es nur gemeinsam, unter Einsatz der Fähigkeiten und Möglichkeiten aller Beteiligten gelingt, die richtigen Mitarbeiter für das eigene Unternehmen zu gewinnen.

12.3 Empfehlungen für die Umsetzung

Einer der größten Vorteile des agilen Recruiting liegt in der authentischen Kommunikation mit den Bewerbern entlang des gesamten Recruitingprozess. Dies wirkt sich positiv auf die gesamte Candidate Experience aus und führt bereits im Auswahlverfahren zu einer ersten Bindung zwischen Bewerbern und dem Unternehmen.

Die Strahlkraft eines Recruitingteams lässt sich noch erhöhen, in dem einzelne Mitarbeiter in Form eines Job-Botschafters im Personalmarketing eingesetzt werden, oder noch besser, aus freien Stücken und voller Überzeugung unabhängig von Personalmarketing-Kampagnen innerhalb ihrer Zielgruppe über das eigene Unternehmen berichten.

Diese Vorteile ergeben sich vor allem durch die Einbindung des suchenden Teams. Bereits durch vergleichsweise kleine und einfache Maßnahmen, wie ein Teamfit-Interview, kann es Unternehmen gelingen, sich im Wettbewerb um die besten Talente positiv abzuheben. Auf diesem Weg können erste Erfahrungen in der Einbindung von Mitarbeitern in den Auswahlprozess gewonnen werden, die schrittweise und iterativ – also ganz im Sinne der Agilität – weiter ausgebaut werden können.

Der stetige Wandel und die zunehmende Komplexität unserer gesamten Welt und im speziellen auf unseren Märkten erfordern ein Umdenken in der Personalauswahl und der Definition von Anforderungen. Sei es die Halbwertszeit von Wissen oder immer komplexer werdende Aufgaben, die es zu lösen gilt. Der Blick in der Personalauswahl verschiebt sich zunehmend von fachlichen Eignungsmerkmalen vor allem zu methodischen Kompetenzen, die es Bewerbern erlauben, schnell und besser auf Veränderungen zu reagieren und sich an ihre gewandelte Aufgabe anpassen können.

Die Einbindung eines Recruitingteams in die Anforderungsanalyse hilft, die nötigen und zukunftsfähigen Kompetenzen zu identifizieren, die auf der zu besetzenden Stelle benötigt werden. Vor allem erhält die Führungskraft einen tieferen Einblick zu den alltäglichen Herausforderungen ihrer Mitarbeiter und gewinnt wieder mehr Klarheit zur Frage, was es wirklich braucht, um in ihrem Team erfolgreich zu sein.

Im Ergebnis trägt das Team zu einem besseren Anforderungsprofil bei, das zu einem gemeinsamen Verständnis für die gesuchte führt und gleichzeitig die Basis für eine bessere Auswahlentscheidung für die richtigen Kandidaten liefert. Wir legen also bereits beim Anforderungsprofil den Grundstein für die spätere Jobzufriedenheit des neuen Kollegen und verringern so Unzufriedenheit und Kündigungen innerhalb der Probezeit.

Während die zuvor genannten Punkte vergleichsweise einfach umgesetzt werden können und Teile ihre Wirkung auch dann entfalten, wenn sie nur vereinzelt oder zunächst in kleinen Teilen Anwendung finden, ist die aktive Einbindung des Recruitingteams bzw. des suchenden Teams mit einem erhöhten Aufwand verbunden, wenn es um das Auswalverfahren selbst und die damit verbundenen Vorstellungsgespräche geht.

Die Einbindung der Mitarbeiter in das Auswahlverfahre erhöht den Abstimmbedarf und verlangt den Aufbau von Recruitingkompetenzen im Team. Zusätzlich braucht es eine Klärung, welche Mitbestimmungsrechte in der Personalauswahl dem Team übertragen werden. Ist es das Ziel eines Unternehmens, dass seine Mitarbeiter zunehmend eigenverantwortlicher und selbstorganisierter handeln, ist der agile Recruitingansatz ein gutes Mittel.

Wie intensiv die einzelnen Mitglieder des Recruitingteams in die Personalauswahl eingebunden werden und welcher Aufwand für die Befähigung der einzelnen Mitglieder durch HR betrieben werden sollte, ist situativ in Abhängigkeit von Anzahl und Häufigkeit der zu besetzen Stellen zu entscheiden. Ein weiteres Kriterium ist der angestrebte Grad zur Selbstorganisation in den jeweiligen Teams.

Die Candidate Experience profitiert nochmals, wenn Bewerber bereits im Auswahlverfahren erleben, dass Mitarbeiter in einem Unternehmen in so verantwortungsvolle Aufgaben eingebunden werden. Diese Art der Wertschätzung und des Vertrauens in die Fähigkeiten der eigenen Belegschaft zeigt Bewerbern ein Stück gelebte Unternehmenskultur.

Das wichtigste aus Kapitel 12   **!**

Recruiting ist bereits heute eine komplexe und zeitintensive Aufgabe. Durch den stetigen Wandel der Märkte und die gestiegene Unsicherheit steigt die Bedeutung der kompetenzbasierten Personalauswahl. Gleichzeitig fordern die besten Talente am Markt ein individuelles, auf ihre Bedürfnisse abgestimmtes Recruiting und authentische und echte Einblicke in das Unternehmen und die neue Aufgabe.

Die Chancen von agilem Recruiting noch einmal auf einen Blick:

- Es wird der Blick auf die Kompetenzen geschärft, die es wirklich braucht, um in der gesuchten Rolle erfolgreich zu sein.
- Der Job-Fit einer jeden Einstellung wird verbessert.
- Es werden Unzufriedenheit und Kündigungen in der Probezeit reduziert.
- Die Talentepipeline wird durch authentische und transparente Einblicke in Unternehmen und Team gefüllt.
- Hohe Akzeptanz für den neuen Kollegen, da das Team involviert wurde und die Einstellungsentscheidung mitträgt.
- Schneller zum produktiven Mitarbeiter und Verkürzung der Onboardingphase.
- Förderung der Selbstorganisationsfähigkeit des Teams.

Demgegenüber stehen ein erhöhter Aufwand in der Organisation und Vorbereitung in der Auswahlphase und ein Risiko für Fehlentscheidungen, wenn zu schnell zu viel Verantwortung auf das Recruitingteam übertragen wird.

Agiles Recruiting erfordert eine hohe Fachlichkeit von allen Akteuren und gelingt am besten, wenn die bekannten Standards zur Personalauswahl und -gewinnung eingehalten werden. Für HR bedeutet dies, dass es verstärkt eine beratende und coachende Rolle einnimmt, um das nötige Know-how in den Recruitingteams aufzubauen.

HR ist in der Verantwortung, bestehende Abläufe im Recruiting fortlaufend zu verbessern und neue, bessere Möglichkeiten zu prüfen und anzubieten. Es stellt damit den Recruitingteams ein sich stetig verbesserndes Repertoire zu Verfügung, um einen effizienten und individuellen Auswahlprozess gestalten zu können und um die richtigen Bewerber zu identifizieren.

Die Strahlkraft der eigenen Mitarbeiter – eine kleine Geschichte
Diese Einblicke verfügen über eine so große Strahlkraft und Begehrlichkeiten bei den Bewerbern, dass ich immer gerne an eines meiner ersten Erlebnisse in der Arbeit mit Recruitingteams zurückdenke.

Für die Stelle eines internen Kundendienstmitarbeiters wurde kurzentschlossen ein Recruitingteam aufgesetzt, das vor allem aus Mitarbeitern des suchenden Teams bestand. Die Führungskraft hatte sich dazu entschieden, den gesamten Auswahlprozess in ihr Team zu delegieren, wobei sie auf ein Gespräch mit dem finalen Kandidaten bestand und auch ein Veto-Recht für sich beanspruchte.

Offen gestanden ist diese Entscheidung auch auf eine gewisse Zeitnot der Führungskraft zurückzuführen, die zu diesem Zeitpunkt stark in strategischen Projekten involviert war. Dem Recruitingteam wurde also zu Beginn ein wenig mehr Verantwortung übertragen, als es für einen ersten Schritt vielleicht ratsam gewesen wäre.

Das gezeigte Vertrauen der Führungskraft gab dem Recruitingteam einen wahrlichen Push. Das Team erschloss sich sehr schnell die notwendigen Kompetenzen, schließlich wollte es nicht nur einen neuen Kollegen finden, sondern auch das Vertrauen ihrer Führungskraft würdigen und den richtigen Kandidaten finden.

Im Auswahlverfahren wurde schnell der Wunschkandidat gefunden und zu einem finalen Interview mit der Führungskraft geladen. Im zweiten Gespräch setzte sich der positive Eindruck aus dem Erstgespräch fort und alle nötigen Schritte zur Vertragserstellung und Betriebsratsanhörung wurden gestartet.

Erst zu diesem Zeitpunkt berichtete der Kandidat, dass er bereits seit einigen Tagen ein Vertragsangebot eines anderen Unternehmens vorliegen hatte. Er sei aber von der Einbindung des Teams in das Auswahlverfahren und die Einblicke in die neue Aufgabe und die Unternehmenskultur sehr angetan gewesen. So sehr, dass er das andere Unternehmen nicht nur ein paar Tage hingehalten habe, sondern auch deren höher dotiertes Vertragsangebot ausschlug, um zukünftig mit den Kollegen zusammen zu arbeiten, die er bereits im Auswahlverfahren kennen lernen durfte.

Heute ist auch er Mitglied eines Recruitingteams, teilte die Erfahrungen aus seinem Recruitingprozess und gewinnt neue Kollegen für sein Team.

Literaturverzeichnis

Ackerschott, Harald (2016): Eignungsdiagnostik: Qualifizierte Personalentscheidungen nach DIN 33430 Mit Checklisten, Planungshilfen, Anwendungsbeispielen, Beuth, Berlin

Berndt, Christian, Wierzchowski, Bernd (2014): Systematische Bewerberinterviews – inkl. Arbeitshilfen online: Mit der VeSiEr-Methode Kompetenzen erkennen und bewerten, 2. Auflage, Haufe, Freiburg

Eger, Michael; Frickenschmidt, Sören (2016): Die agile Recruiting- Organisation. Personalwirtschaft. Personalwirtschaft, Sonderheft (12)

Haufe (2015): Agile Unternehmen – Das Betriebssystem für die Arbeitswelt der Zukunft. Freiburg: Haufe.

Häusling, André (2013): Wie Scrum die HR-Welt verändert. HR Performance, 2

Häusling, André (2020): Agile Organisationen: Transformationen erfolgreich gestalten, Haufe, Freiburg

Hofert, Svenja (2018/1): Agiler führen, Einfache Maßnahmen für bessere Teamarbeit, mehr Leistung und höhere Kreativität, Springer Gabler, Wiebaden

Hofert, Svenja (2018/2): T-Shape ist out: Die neuen Karrieremodelle heißen Pi-Shape, Pilzkarriere und »Second skilling«, online verfügbar unter: https://karriereblog.svenja-hofert.de/karriereundberuf/neue-karrieremodelle/. letzter Zugriff 25.8.2020

ITagile (2020): Was sind Retrspektiven, online verfügbar unter : https://www.it-agile.de/wissen/agile-teams/retrospektiven/?source=post_page--------------------------&cHash=fb168d973018993a946324b4eec61295, zuletzt abgerufen 12.9.2020

Kanbanize (2020): Was ist der Plan-Do-Act-Check-Zyklus?, online verfügbar unter: https://kanbanize.com/de/lean-management-de/verbesserung/was-ist-pdca-zyklus, zuletzt abgerufen 11.9.2020

Kanning, Uwe (2019): Standards der Personaldiagnostik, Personalauswahl professionell gestalten, Hogrefe, Göttingen

Klein, Thomas; Euwens, Friedericke (2018): Agiles Recruiting – Schnelle Entscheidungen im selbstorganisierten Kontext. Gruppe. Interaktion. Organisation. Zeitschrift Für Angewandte Organisationspsychologie (GIO), 201–212.

Lemke, Veit et al. (2020): Crashkurs Mitarbeiter-Onboarding – Praxiswissen für HR, Coaches und Führungskräfte, Haufe, Freiburg

Manifesto (2001): Was ist das agile Manifest, was sind die Werte und Prinzipien?, online verfügbar unter: https://t2informatik.de/wissen-kompakt/agiles-manifest/, letzter Zugriff 25.8.2020

McGregor, Douglas (1960): The Human Side of Enterprise, Mc Graw, Hill Book Company, New York

Olberding, Jens (2019/1): Neuer Kollege gesucht, in: Personalmagazin 06/2019, Haufe, Freiburg

Olberding, Jens (2019/2): Mit agilem Recruiting auf die Pole-Position, Fokus Personalentwicklung, Haufe Akademie, Freiburg

Olberding, Jens (2019/3): Agiles Recruiting, ein Erfolgsfaktor neuer Führung, Fokus Führung und Management, Haufe Akademie, Freiburg

Rahn, Maximilian (2018): Agiles Personalmanagement: Die Gestaltung von klassischen Personalinstrumenten in agilen Organisationen, Gabler, Bremen

Rechsteiner, Frank (2019): Recruiting Mindest – Personalgewinnung in der der Digitalisierung, Haufe, Freiburg

Slaghuis, Bernd (2015): Wechselmotivation 12 gute Gründe für einen Jobwechsel, online verfügbar unter https://www.bernd-slaghuis.de/karriere-blog/wechselmotivation-jobwechsel/, letzter Zugriff 25.8.2020

Scheller, Stefan (2016): Wie sieht eine optimale Stellenanzeige aus, online verfügbar unter https://persoblogger.de/2016/04/18/wie-sieht-die-optimale-stellenanzeige-aus-ergebnisse-einer-eye-tracking-studie/, letzter Zugriff 21.9.2020

Scheller, Stefan (2018): Der Weg zur optimalen Stellenanzeige mit dem VAIDA Modell, online verfügbar unter https://persoblogger.de/2018/09/10/der-weg-zur-optimalen-stellenanzeige-mit-dem-vaida-modell/, letzter Zugriff 21.9.20202

Schwuchow, Karlheinz; Gutmann, Joachim (2011): Trendbuch Personalentwicklung 2012: Ausbildung, Weiterbildung, Management Development, Hermann Luchterhand Verlag, München

Siegel, Heinz (2014): Erfolgreiche Personalgewinnung im Vertrieb – inkl. Arbeitshilfen online: Top-Performer interessieren, gewinnen und binden, Haufe, Freiburg

Storz, Sascha (2018): Was ist ein cross-funktionales Team?, online verfügbar unter https://www.techdivision.com/leistungen/change-und-organisationsentwicklung/agile-blog/was-ist-ein-cross-funktionales-team.html, letzter Zugriff 25.8.2020

T2 Informatik (2020): Was ist ein Open Space, welche Prinzipien gelten und welche Tipps sind nützlich? online verfügbar unter https://t2informatik.de/wissen-kompakt/open-space/, letzter Zugriff 9.9.2020

Trölenberg, Helga (2018): So entwickeln Sie sich zur T-shaped-Persönlichkeit, online verfügbar unter https://www.projektmagazin.de/artikel/so-entwickeln-sie-sich-zur-t-shaped-persoenlichkeit_1131157, letzter Zugriff 25.8.2020

Universität Bamberg (2017): Themenspecial 2017, Bewerbung der Zukunft, online verfügbar unter https://www.uni-bamberg.de/fileadmin/uni/fakultaeten/wiai_lehrstuehle/isdl/5_Bewerbung_der_Zukunft_20170210_WEB.pdf, letzter Zugriff 25.8.2020

Varelmann, Lisa; Kanning, Uwe (2018): Personalauswahl: Praktiker überschätzen Validität von Auswahlverfahren. Wirtschaftspsychologie aktuell, Heft 25 (1)

Verhoeven, Tim (2016): Candidate Experience, Ansätze für eine erlebte Arbeitgebermarke um Bewerbungsprozess und darüber hinaus, Springer Gabler, Wiesbaden

Zaborowski, Henrik (2019): Beim Recruiting braucht es individuellere Kommunikation – mit mehr Fragen und mehr Zuhören, online verfügbar unter: https://hr-im-wandel.de/2019/10/16/henrik-zaborowski-zum-thema-recruiting/, letzter Zugriff 25.8.2020

Stichwortverzeichnis

Symbole

12 häufigsten Motive 43

Π-shaped-People 31

A

Abbinder 127, 130

Abschlussnote 141, 143

Absolute Mehrheit 64

Agilen Manifest 31

Anforderungen 130

Anforderungen formulieren 127

Anforderungsanalyse 81, 101, 113

Anforderungsprofil 146

Ansprechpartner 128

Anziehungsphase 46

Arbeitsrecht 77

Auf-etwas-zu-Muster 42

Aufgaben 130

Aufgabenbeschreibung 126

Auswahlphase 46, 82

Authentizität 35, 151, 156, 167

Autoritäre Entscheidung 63

B

Beratungskompetenz 77

Berufserfahrung 142, 143

Beurteilungsfehler 164

Bewerbungsphase 46

Bewerbungsunterlagen 139

Bilder 125

Bindungsphase 47

Buddy 181

C

Call-to-action 127

Candidate Experience 45

Community of Practice 83

Cross-funktionales Team 22

Cynefin Framework 114

D

Daumenvoting 69

DIN 33430 zur Eignungsdiagnostik 24, 105

Dot-Vorting 66

Dreistufiges Vorstellungsgespräch 162

E

Eignungsmerkmal 103, 104, 105, 146

Einarbeitung 180

Einbindung in den Recruitingprozess 80

Einwand 68

Enabler 73, 84, 163

Entscheidungskompetenz 61

Entscheidungsmacht 60

Experteninterview 103

F

Fachimpuls 87

Fachinterview 160

Fachkompetenz 28, 111

Feedbackgespräch 182

Fehler der 2. Art 140, 143

Firmenbeschreibung 123, 126

Formulierung 122

Fotos mit Menschen 125

Fragtechnik 167
Framework 17
Führungskompetenz 30
Führungskraft 152

G
Gesamtnote Studium 141

H
Halbstandardisiertes Interview 157
Haltung 21
Hiring-Manager 59
HR im agilen Recruiting 73
HR in der Expertenrolle 78
Human Ressources 151, 153

I
Individuum 32
Informationsphase 46
Inspect and Adapt 97
Interaktion 32
Interview 155
Intuitive Methode 101

K
Kandidatenbedürfnisse 31
Kompetenz 27
Kompetenzpoker 105
Kompetenzpyramide 109
Konsens-Entscheidung 67
Konsent-Entscheidung 68
Konsultativer Einzelentscheid 63
Kontinuierliche Verbesserung 93

L
Layout von Stellenanzeigen 124
Lebensalter 141
Linienorganisation 53

M
Matrixorganisation 53
Menschenbild 21
Methodenkompetenz 28, 111
Mitbestimmung 60

O
Onboarding 47, 177
Onboardingworkshop 179
Open Space 87, 88
Optimale Teamgröße 57

P
Paritätischer Austausch 37
Pate 180
PDCA-Zyklus 93
Persönliche Kompetenz 28, 110
Persönlichen Kompetenz 160
Potenzial 29

Q
Qualifikationsmerkmale 25

R
Recruitingkompetenz 76, 81, 154
Recruitingteam 51
Relative Mehrheit 65
Responsives Layout 128
Retrospektive 97, 99, 154
Richtung die Motivation 42

S
Scrum 98
Selbstorganisation 79, 148
Skalenfrage 171
Social-fit-Interview 160
Soziale Kompetenz 28, 111, 160
Stammtisch 181

Stellenanzeige 121, 144
Strukturiertes Interview 155
SuSiVEL-Fragetechnik 168
Sympathie 165

T
Teambeschreibung 126, 129
Teamcafé 132
Team einbinden 131, 148
Team-fit-Interview 158
Teamsport 14
Telefoninterview 144, 147
T-shaped-People 23

U
Übung \«Wahrnehmen, vermuten, bewer-
ten\« 166
Unstrukturiertes Interview 156
Unternehmensbeschreibung 121, 123
Unternehmensgrenze 53

V
Validität von Bewerbungsunterlagen 141
Verantwortung 58

Vergleichbarkeit 147
Vertiefende Fragen 165
Veto 67
Video-Call 147
Vielfalt Berufserfahrung 141
Von-etwas-fort-Muster 42
Vorauswahl 139

W
Wahrnehmungsfehler 164
Wechselmotivation 41
Wege einer Entscheidungsfindung 61
Wording 128
Worldcafé 132

X
X-Y-Theorie 21

Z
Zentrale Koordination 52
Zweistufiges Vorstellungsgespräch 160

Der Autor

Jens Olberding ist Experte für agiles Personalmanagement und Recruiting. Als Berater liegen seine Schwerpunkte in der Begleitung von agilen Transformationen und der Entwicklung von agilen HR-Organisationen in mittelständischen Unternehmen.

Als Coach für Führung und Transformation begleitet er Teams, Führungskräfte und Organisationen auf dem Weg zu mehr Agilität. Er ist Dozent für Eignungsdiagnostik und Personalauswahl und lehrt Methoden für kompetenzbasierte Auswahlprozesse. Mit seinem spielerischen Ansatz »Perfect Recruiting« entwickelte er ein Tool zur Erstellung eines Anforderungsprofils im Team.

Kontakt: jens.olberding@jo-agileHR.de, www.jo-agileHR.de

Der Illustrator

Reginald wurde an der University of Lincoln (UK) mit einem BA Hons Illustration ausgezeichnet. Er ist freiberuflicher Grafiker und Designer und verfügt über 8 Jahre Erfahrung in Design, Kunst und Illustration. Reginald ist für seinen eigenwilligen Illustrationsstil bekannt, in dem Humor für ihn ein besonderes Stilelement ist. Er hat eine breite Palette von nationalen und internationalen Projekten realisiert und arbeitet mit Kunden aus der ganzen Welt. Sein Portfolio ist vielfältig und erstreckt sich über redaktionellen Illustrationen für Blogs, Zeitschriften und Zeitungen über das Illustrieren unterschiedlichsten Publikationen aus dem Bildungssektor bis zum Design von Business-Spielen.

http://reginaldswinney.com

Inklusive
**Arbeits-
hilfen**
online

Exklusiv für Buchkäufer!

Ihre Arbeitshilfen zum Download:

▶ **http://mybook.haufe.de/**

▶ **Buchcode:** DEV-3221